基金项目：

浙江省高校人文社科攻关计划项目"生态治理与'绿水青山就是金山银山'转化机制研究"（2021GH009）

"绿水青山就是金山银山"理念

安吉发展报告

2005–2020

"两山"理念研究院　著

中国社会科学出版社

图书在版编目(CIP)数据

"绿水青山就是金山银山"理念安吉发展报告：2005—2020／"两山"理念研究院
著．—北京：中国社会科学出版社，2021.6
ISBN 978-7-5203-8288-5

Ⅰ.①绿… Ⅱ.①两… Ⅲ.①生态环境建设—研究报告—安吉县—2005-2020
Ⅳ.①X321.255.4

中国版本图书馆 CIP 数据核字(2021)第 067990 号

出 版 人	赵剑英
责任编辑	宫京蕾
责任校对	秦 婵
责任印制	郝美娜

出 版	中国社会科学出版社
社 址	北京鼓楼西大街甲 158 号
邮 编	100720
网 址	http://www.csspw.cn
发 行 部	010-84083685
门 市 部	010-84029450
经 销	新华书店及其他书店

印 刷	北京君升印刷有限公司
装 订	廊坊市广阳区广增装订厂
版 次	2021 年 6 月第 1 版
印 次	2021 年 6 月第 1 次印刷

开 本	710×1000 1/16
印 张	13.75
插 页	2
字 数	201 千字
定 价	78.00 元

课题组成员

金佩华　　黄祖辉　　王景新　　吴凡明

周建华　　王伦光　　马小龙　　蔡颖萍

张永梅　　侯子峰　　沈琪霞　　王　锋

肖方仁　　张童童　　范少罡　　尹怀斌

肖汉杰　　张金庆　　朱　强

目　　录

第 一 章

安吉县践行"绿水青山就是金山银山"
理念 15 周年概述

2005 年，时任浙江省委书记的习近平同志在湖州市安吉县余村考察调研时，首次提出了"绿水青山就是金山银山"的科学论断。2015 年和 2016 年，习近平总书记又先后叮嘱湖州要"照着'绿水青山就是金山银山'这条路走下去"，"一定要把南太湖建设好"。2020年 3 月，习近平总书记再次到安吉县余村考察时强调"绿色发展的路子是正确的，路子选对了就要坚持走下去"。

安吉县自 2001 年开始实施"生态立县"发展战略以来，经过不懈努力和发展探索，生态文明建设和经济社会发展均取得了显著成效，实现了从一个封闭、落后、曾是环境污染重点治理区域的山区县，到经济、社会、生态全面发展的生态文明建设先进样板的华丽转变，形成了以生态文明建设为核心、生态优先绿色发展的安吉模式。

15 年来，安吉县历届县委、县政府牢记嘱托，不忘初心、坚定不移地践行"绿水青山就是金山银山"理念，始终坚定生态立县、绿色发展战略，走出了一条生态美、产业兴、百姓富的绿色发展之路。15 年来，安吉人照着这条路走下去，把深邃的思想化作丰富的实践，不断探索绿色发展的方式和路径。15 年来，安吉县致力于绿色发展，以"绿"扬"特"，以"美"增"富"，实现在绿色发展中率先崛起，在"绿水青山就是金山银山"理念实践过程中走在前列、创造经验、提供示范。15年来，安吉县作为绿色发展先行地，一直大力发展生态农业、生态工业、生态旅游业，形成并布局了具有地方特色、符合县域实际的生态产业体系，数以百亿元计的茶业、椅业、竹业是安吉"绿色"产业的三张名片；在安吉的绿水青山中，生态文明建设渗透到了第一产业、第二产业和第三产业中，美丽环境转变成了实实在在的美丽经济。15年来，安吉县从一个名不见经传的山区县跃升为全国首个生态县、中国美丽乡村发源地、"联合国人居奖"唯一获得县，并且从一个省级贫困县跻身全国百强县；在此基础上，安吉县又正在向建设中国最美县域的愿景目标砥砺奋进。

◇◇ 第一节　安吉县践行"绿水青山就是金山银山"理念总体历程

改革开放以来，安吉县在如何处理经济发展和生态环境保护方面不断探索，经历了"从牺牲环境，换取经济超常规增长"，到"主动求变，确立生态立县的绿色发展道路"，再到"积极探索，形成生态文明建设的安吉模式"的发展历程。

一　踏上"绿水青山就是金山银山"之路：绿水青山失守倒逼的历史选择

20世纪80年代，安吉县曾经是浙江省25个贫困县之一，属于典型的农业县和落后的山区县，工业发展基础薄弱，经济发展水平低下。为摆脱贫穷落后，安吉县参照"苏南模式"走"工业强县"道路,利用丰富的矿山、竹林等自然资源,大力发展造纸、水泥、化工、建材等资源消耗型、高耗能和高污染型产业,短短几年里,安吉县工业发展规模迅猛扩张。虽然这一时期安吉县经济实现了超常规增长,但粗放式的工业化发展特征十分明显,主要是资源消耗型、环境污染型的工业发展模式以及矿山开采。

1998 年,纺织、造纸、水泥、化工、化纤等高耗能、高污染产业占安吉县工业增加值的比重高达 41.9%。这些产业虽然短期内带动了安吉县经济的快速增长,但牺牲环境、片面追求经济高速增长的方式,对县域的生态环境造成了极大的破坏,环境污染问题十分突出。林木、矿产等资源过度开采导致青山被毁、水土严重流失;工业固体废弃物随意倾倒、工业废水废气直接排放造成境内主要河流污染严重、水质明显恶化,空气中二氧化碳含量增高。同时,生态环境的恶化,也对安吉县的人居环境造成恶劣影响。而且生态环境破坏还给黄浦江源和太湖带来了严重的环境问题。1998 年,安吉县被国务院列为太湖水污染治理重点区域,受到"黄牌警告",这种以牺牲环境换取经济超常规增长的粗放式工业化发展模式受到了严厉的惩罚。

沉重的整治代价使安吉县逐渐认识到,传统工业化发展模式不适合安吉县情,全县最大的优势是生态环境,决不能走先污染、后治理的老路。只有深刻反思经济发展与生态保护的关系,认真吸取生态危机的教训,才能积极探索经济与环境和谐发展的全新道路。2001 年,安吉县委、县政府出台《关于"生态立县——生态经济强县"的实施意见》,2003 年,安吉县委、县政府出台《关于生态县建设的实施意见》。在决定实施生态立县发展战略后,安吉县委、县政府采取了一系列政策措施保护和改善生态环境,发展生态经济,并取得了初步成效;安吉县的生态环境保护和建设走在了浙江省和全国前列,获得了全国第二批"国家级生态示范区"称号和"全国首个国家生态县"的荣誉。

二 坚守"绿水青山就是金山银山"之路：绿水青山与"金山银山"谋共存

当经济发展和资源匮乏、环境恶化之间的矛盾凸显出来时，人们逐渐意识到环境是生存发展的根本，只有"留得青山在"，才能"不怕没柴烧"。但安吉县在大量关停高污染企业和矿山，开展污染治理后导致经济增速快速下滑。1999—2005 年，安吉县 GDP 年均增长速度远低于浙江省平均水平，也低于全国平均水平，而且与周边县区 GDP 的差距进一步拉大。在唯 GDP 增长的时代，经济增长速度的下滑，引发了人们对生态立县发展战略的质疑，安吉县委领导班子成员的思想认识也不完全一致，存在疑虑，在保护、改善生态环境与经济发展的权衡上有些举棋不定。同时，这一时期，安吉县虽然确立了生态立县发展战略，意识到了绿水青山的重要性，但仍在摸索如何将绿水青山转化为"金山银山"。

2008 年，安吉县开始在浙江省内率先建设"中国美丽乡村"，2010 年安吉县提出打造"全国首个县域大景区"，2013 年安吉县又在浙江省率先提出美丽乡村升级版建设。安吉县确立了走生态文明与新型工业化、新型城市化与美丽乡村建设互促互进、共建共享的科学发展道路。安吉县根据自身的资源禀赋和经济、社会结构，不断推进环境、空间、产业和文明的相互支撑，明确以"优雅竹城—风情小镇—美丽乡村"为发展格局，统筹协调城乡全域范围，实现从生态经济化向经济生态化的转型、从资源商品化向资源资本化的层级跨越，推进第一、二、三产业生态化协调发展，现代文明与自然生态高度融合。

三 笃定"绿水青山就是金山银山"之路:绿水青山就是"金山银山"

通过推进绿色发展,安吉县开始认识到绿水青山可以源源不断地带来"金山银山",绿水青山本身就是"金山银山",将生态优势变成经济优势,形成了一种浑然一体、和谐统一的关系。一方面,安吉县积极采取多项措施,实施多项工程,保护和改善生态环境;加强行业污染治理,持续开展烟尘污染治理和造纸、化工、竹加工企业的废水污染整治,坚决关闭不达标企业。另一方面,安吉县依托优美的生态环境和良好的人居环境优势,积极探索绿水青山转化为金山银山的路径,对产业布局和工业产业结构进行重新定位,重点发展具有地方特色的绿色产业,将生态资源转变为生态资本,形成以生态农业、生态工业和生态旅游业为主的绿色产业体系,生态绿色经济得到长足发展,已成为安吉县经济的主导和支柱。

安吉县逐渐摸索出适合的发展模式,经济实现"绿色"跨越式发展,驶上了快车道,综合经济实力大幅提升。安吉县的产业实现"绿色"转型,产业内部结构呈现"绿色"融合发展趋势,农业发展从传统种植业向现代农业转变,工业实现了由污染高耗向生态低碳转变,服务业趋向结构优化的转变,以金融、信息、科技服务业为主的生产性服务业比重不断上升。安吉县依靠"绿色"招牌,旅游业风生水起,以全域旅游的发展模式,使美丽环境转变成了"美丽经济",已经成为浙江省旅游经济强县,长三角地区重要的乡村度假和亲子旅游目的地。

◇ 第二节 安吉县美丽乡村建设的历程及成效

"绿水青山就是金山银山"理念对当时农村发展的指导意义尤为重要，农业、农村、农民问题是重中之重，农村环境问题凸显，城乡差距拉大，如何改善农村人居环境，提高农民收入是很迫切的问题。安吉县在"绿水青山就是金山银山"理念指引下，开始聚焦美丽乡村建设。2008年，安吉县在全国率先提出建设中国美丽乡村，是"中国美丽乡村"的发源地。经过十几年的发展，安吉县美丽乡村建设成效显著，村容村貌发生巨大变化，人居环境明显改善，依托乡村优美的生态环境促进了乡村产业的融合发展，居民生活水平、生活质量和幸福感大幅提高，"民富、村强、景美、人和"成为目前安吉农村的真实写照。美丽乡村和美丽经济已经成为安吉最亮丽的名片，品牌影响力巨大。

一 安吉县美丽乡村建设的历程

（一）困顿与希望：从"生态立县"到"千万工程"（2001—2003）

太湖治污"零点行动"之后的环境整治以及"生态立县"战略的提出，使得安吉县关停大批污染企业，拒绝大批项目，全县财政收入大幅度下降，县财政预算甚至都是负增长。正当安吉县面临困境时，浙江省层面传递出清晰的信号：2002年6月，浙江省提出建设"绿色浙江"；2002年12月，就任浙江省委书记不久的习近平同志，提出了建设"生态省"；2003年6月，习近平同志提出在浙江全省开始"千村示范、万村整治"（"千万工程"）。安吉县在全省的布局下开始整治与建设乡村。2003年7月,浙江省委十一届四次全会确定的创建生态省,打造"绿色浙江"战略,更是坚定了安吉县推进美丽乡村建设的决心。

(二)确立与发展:从"千万工程"到建设"中国美丽乡村"(2003—2008)

2005年8月15日,习近平同志在安吉县天荒坪镇余村提出"绿水青山就是金山银山"的论断,这为苦苦求索中的安吉拨开了绿水青山如何转化为"金山银山"的迷雾;这让安吉人意识到既不能靠山吃山,消耗资源;也不能守山望山,无所作为。他们认为绿水青山主要在乡村,金山银山重在让农民富起来,"美丽乡村"成为发展的一条主脉络。2006年安吉县被命名为首个"国家生态县"。2008年1月4日,安吉县委十二届三次全体(扩大)会议召开,首次提出建设"中国美丽乡村"重要课题。2008年2月,安吉县委县政府作出决策,印发《建设中国美丽乡村行动纲要》,邀请浙江大学高标准编制《中国美丽乡村总体规划》,按照"全县一盘棋"理念,形成"一体两翼两环四带"的美丽乡村总体格局,拉开了中国美丽乡村建设的序幕。

(三)规范与推广:从"中国美丽乡村"建设到国家标准(2008—2015)

2008年,安吉县着手"中国美丽乡村"建设。2009年以来,安吉县以标准化为要求,编制了涵盖农村卫生保洁、园林绿化等在内的36项长效管理标准,还专门成立风貌管控办,保护好农村的一山一水、一草一木。2012年年底,首轮美丽乡村建设完成,仅用了4年时间,全县95.7%以上的村庄加入创建。2014年4月,由安吉县政府、浙江省标准化研究院等6家单位共同起草,浙江省质监局批准发布的全国首个美丽乡村省级地方标准《美丽乡村建设规范》正式发布。2015年5月27日，由安吉县为第一起草单位的《美丽乡村建设指南》（GB32000—2015）国家标准在北京发布，为全国美丽乡村建设提供了框架性、方向性的技术指导。

（四）机遇与挑战：从美丽乡村建设国家标准到"绿水青山就是金山银山"理念的创新践行（2015年至今）

2015年以来，由于政府对"绿水青山就是金山银山"理念的重视，从中央到地方给予安吉的发展诸多优惠政策，安吉县的发展进入了一个新的时期。2020年3月，习近平总书记再次来到余村考察。他肯定了余村的美丽乡村建设成绩和绿色发展道路，并指出全面推进乡村振兴的重要性。

二 安吉县美丽乡村建设的成效

安吉县曾为浙江省的贫困县之一，然而经过这十五年的建设，安吉实现了华丽的转身。今日的安吉县环境优美，经济发达，社会和谐，文化昌盛。

（一）美丽乡村建设使安吉环境变优美

多年来，安吉县全县森林覆盖率、林木绿化率均保持在70%以上，空气质量优良率保持在85%以上，地表水、饮用水、出境水达标率均达到100%，被誉为气净、水净、土净的"三净之地"，获评全国首个生态县、首个联合国人居奖获得县。全县169个行政村实现美丽乡村创建全覆盖和浙江省A级村庄全覆盖，建成精品示范村55个、乡村经营示范村15个、善治示范村34个，覆盖面积达37.6平方公里。

（二）美丽乡村建设使安吉经济较发达

2019 年，安吉县全县地区生产总值 469.59 亿元，完成财政总收入 90.09 亿元，城乡居民人均可支配收入分别为 56954 元和 33488 元，是全国经济百强县（2019 年在全国百强县排第 68 名）。

（三）美丽乡村建设使安吉社会较和谐

安吉县的城乡差距较小，2019 年城乡收入比为 1.7：1，社会和谐稳定。安吉县勇夺平安县十四连冠，获评全国平安建设先进县，探索出一条以"余村经验"为典型代表的乡村治理之路。

（四）美丽乡村建设使安吉文化更昌盛

安吉县全县有 4 个国保级单位，数量居全省各县区第一，文物蕴藏量居全国各县区前十，非物质文化遗产数量在全省名列前茅，境内竹文化、茶文化、孝文化、昌硕文化、移民文化交相辉映，在美丽乡村建设中得到进一步保护与弘扬。

◇◇ 第三节　安吉县工业绿色发展的历程及成效

"绿水青山就是金山银山"理念虽然是在安吉的乡村提出，但也深刻影响了安吉工业的发展。安吉县的工业发展实现了从高耗能、高污染粗放型的发展模式向低碳绿色的发展模式转变，转型的过程虽然艰难，但取得的成效也非常明显。安吉县的工业产业从最初的依赖资源、污染环境的造纸、水泥等行业，发展到现在的绿色家居、机械制造、汽车配件等行业，不仅注重低污染、低排放，而且注重循环利用、安全生产、绿色生产、科技创新等。

一 安吉县工业绿色发展的历程

（一）治理阶段

1998年至2000年为安吉县的产业治理阶段。1998年，安吉县以纺织、造纸、水泥、化工、化纤等为主的八大高耗能产业占比高达41.9%，经过三年的治理，到2000年安吉县八大高耗能产业占比下降到12.8%。

（二）调整阶段

2001年至2005年为安吉县产业结构的主动调整期。安吉县以壮士断腕的勇气主动大幅度淘汰水泥、造纸等高耗能、高污染企业，到2006年八大高耗能产业占比再次下降到11.2%。

（三）主动选择阶段

2006至今为安吉县的产业主动选择阶段。2007年，安吉县委县政府重新定位产业布局和工业产业结构，适当发展一些无污染和能耗相对较低的纺织业，确定了以转椅、竹木两大产业为主，大力发展装备制造、新型纺织、新材料、健康医药等新兴行业。2019年，安吉县高耗能产业占比为17.8%，明显低于全省水平（35.8%）和全市水平（43.8%），与周边的长兴县（52.1%）、德清县（40.9%）相比，则更低。而且，近15年安吉县工业经济增速比GDP增速快了0.6个百分点，工业经济比重比2005年提高了2个百分点。

二 安吉县工业绿色发展的成效

（一）资源利用水平明显提高

安吉县的工业无论是自然资源还是人力资源的利用效率都有了很大的提高。一方面，单位工业增加值能耗、用地量和用水量利用效率从 2005 年到 2018 年大幅提高，说明安吉县能源利用技术有了较大的提高。另一方面，从全员劳动生产率来看，安吉县规模以上工业企业全员劳动生产率 2019 年为 82.16 万元/人，相比 2005 年 35.79 万元/人增加了 46.37 万元/人；规模以上工业企业固定资产创工业增加值率 2019 年为 46.3%，比 2005 年的 39.9% 提高了 6.4%，这表明安吉县的工业企业组织管理水平和人力资源素质不断提高。

（二）污染低碳排放持续下降

安吉县工业企业清洁生产技术工艺及装备基本普及，重点行业清洁生产水平显著提高，工业二氧化硫、氮氧化物、化学需氧量和氨氮排放量明显下降，高风险污染物排放大幅削减。安吉县单位工业增加值的工业废水、工业废气、工业固体物排放量从 2005 年至 2018 年逐年下降，说明在工业发展过程中，安吉县对环境造成的污染缓解水平有较高提升，低碳排放技术进步较大。

（三）工业绿色增长潜力不断增加

安吉县企业专利产出和研发人力投入力度呈逐年增长状态，企业的研发投入力度不断增大，研发溢出效应明显，高技术产业占比不断提高。安吉县工业绿色发展潜力巨大，2019 年，工业新产品产值率为 37.8%，比上年同期增长 2.6 个百分点，其中 1 项产品被列入省重点技术创新专项计划、5 项产品被列入省重点高新技术产品开发项目计划。2005 年新增发明专利申请授权量为 482 项，2019 年增加到 18672 项；2005 年拥有省级以上高新技术企业 110 家，2019 年增加到 758 家；2005 年规模以上工业企业收入利润率为 10%，2019 年上升到 12%；2005 年高新技术产业占规模以上工业比重为 5.2%，2019 年增长到 53.1%。

（四）工业绿色政策支持持续加大

安吉县在发展低碳经济、绿色经济方面措施不断丰富，政策支持力度相对较大，为安吉的工业绿色发展提供了强有力的支撑。如在工业污染治理方面，工业固体废物综合利用率 2005 年为 98.68%，2018 年增长到 99.65%；工业废气中二氧化硫排放量 2005 年为 15.13 吨/亿标立方米，2019 年为 13.16 吨/亿标立方米，减少了 1.97 吨/亿标立方米。

◇ 第四节　安吉县生态治理的历程与成效

在我国加快生态文明体制改革，加大力度推进生态文明建设，建设人与自然和谐共生的现代化的过程中，以生态治理体系和治理能力现代化为目标的生态治理，是极为关键且重要的环节。生态文明是生态治理的目标，生态治理则是生态文明的通达路径（龚天平、饶婷，2020）。以生态治理落实环境正义，在绿色发展中推进生态治理，是我国在推进生态文明建设进程中依据自身发展现状做出的最佳策略性安排，体现出环境正义的"中国式"特色（王泽琳等，2020）。因此，生态治理是生态文明建设的重要内容，推进生态治理，改善生态环境，是践行"绿水青山就是金山银山"理念的基础和前提。安吉县通过生态治理，打造了全域美的生态环境，为发展美丽经济创造了条件。

一　安吉县生态治理的历程

1998 年，安吉县在国务院开启的太湖治污"零点行动"中收到了"黄牌警告",一些安吉人开始意识到,这样下去走的不是出路,是死路。痛定思痛后,安吉县人民代表大会随即于 2001 年确定生态立县的大方向,下决心改变先破坏后修复的传统发展模式,开始对新的发展方式进行探索和实践,并开展了村庄环境整治活动。

2003 年,时任浙江省委书记习近平同志第一次来安吉,就给出了安吉发展不一样的思路。2005 年 8 月,习近平同志第二次调研安吉,两次调研讲话和一系列论述,给安吉县走"生态立县"的道路,指明了前进的方向。安吉县政府就像吃了一颗定心丸,当地民众也深受影响。在此后的几年里,安吉县政府坚持"绿水青山就是金山银山"理念的生态发展之路,并不停地影响社会组织和企业的思想认识,引导民众行为改变,鼓励不断实现治理创新,走出了一条成功的生态治理之路。

2006 年安吉县成功创建全国第一个生态县,2016 年安吉县荣获全国首批生态文明建设奖。安吉县始终引领浙江全省生态市(县)建设,到 2018 年为止,浙江省已经成功创建 39 个国家生态县和湖州、杭州两个国家生态市,数量位居全国前列。

二　安吉县生态治理的成效

(一)县域环境改善

安吉县的生态治理,首先表现在全县的环境改善,这是以农村环境改善为主体实现的。从美丽乡村到全面推进精品村建设,深受老百姓欢迎和支持。安吉县全面根据指挥棒,利用制度指引,形成长效机制,防止反弹。通过生态治理,安吉县的农村执政环境、服务设施等都有了根本性的提升,农村公共服务也有了质的改观;通过生态治理，提升城乡建设水平，落实中央和上级政府的政策要求，整个城乡环境发生了翻天覆地的变化。

（二）思想观念转变

安吉县全面实现了思想观念大转变，干部群众信心满满，干劲十足。生态治理深入安吉的每个村落，关涉每位居民。绿水青山不一定自然而然就是"金山银山"，在求证两者辩证关系的过程中，安吉县始终秉持生态优先战略，将绿色作为发展导向，深入做好"绿水青山就是金山银山"转化文章，实现可持续发展。

（三）经济快速发展

生态立县战略的持续实施以及美丽乡村建设的持续推进，已经显示出"绿水青山就是金山银山"的明显优势，安吉县的经济形势开始扭转，实力大增。美丽乡村建设实施后第一个五年即2013年，安吉县GDP翻了一番多，财政收入增长了2倍多，农民收入连年超过全省平均水平。2020年安吉县两会的政府工作报告显示，安吉县2019年完成地区生产总值达到469.6亿元，增长7.8%；完成财政总收入90.09亿元，增长12.5%，其中地方财政收入53.6亿元，增长14.2%，增幅全市第一；城乡居民人均收入和可支配收入分别达到56954元、33488元，分别增长8.2%、9.6%。

新阶段安吉县的生态文明建设与生态治理，更在于引领和保持，不断改善服务能力和配套设施，盘活农村资源。安吉县有很多乡镇已经表示，将引进工商资本与利用集体经济相结合，将外包项目进行乡村经营与促进集体经济发展相结合，有效地为美丽乡村建设提供资金支持，推进乡村振兴。

◇◇ 第五节　安吉县乡村治理的历程与成效

乡村治理是"绿水青山就是金山银山"理念的历史语境，是新时代中国特色社会主义生态文明建设的一个落脚点，是打造美丽中国的重要实践载体；"绿水青山就是金山银山"理念具有鲜明的问题指向和实践品格，是马克思主义中国化的重要发展成果，在指导乡村治理和生态治理实践中取得了斐然成效（包大为，2020）。同时，乡村治理也是实现生态治理的重要领域，是推进乡村振兴的重要手段。安吉县的乡村治理为美丽乡村建设创造了良好的环境，形成了"余村经验"的安吉乡村治理模式。

一　安吉县乡村治理的历程

2004 年，安吉县就启动民主法治村创建。2014 年，又将民主法治列入"中国美丽乡村"精品示范村的创建考核体系。2017 年 1 月 6 日，安吉县发布全国首个基层民主法治建设地方标准规范《美丽乡村民主法治建设规范》，从范围、规范性引用文件、术语和定义等 9 个方面对标准进行了解释，并列出了基本要求、民主建设、法治建设和社会发展 4 条评定办法。

2018 年，安吉县继承发展"枫桥经验"形成了乡村治理"余村经验"，并在"余村经验"的基础上，编制了安吉县地方标准规范《乡村治理工作规范》（2018 年 8 月 11 日正式发布，9 月 10 日起实施）。该标准规范内容涵盖"支部带村""发展强村""民主管村""依法治村""道德润村""生态美村""平安护村""清廉正村"等

11 个部分，明确了乡村治理与乡村振兴的关系，着眼于乡村振兴的整体布局以及"产业兴旺、生态宜居、乡风文明、治理有效、生活富裕"5 个目标的实现，强化内涵外延，区别于普通"三治"融合，定位为综合性"大治理"。

同时，安吉县明确了乡村治理的实施对象以村为单位，并为每个行政村开展乡村治理提供指导。2019 年，全县县级及乡镇（街道）的社会矛盾纠纷调处化解中心基本建成，成为化解基层社会矛盾纠纷的重要平台。

二　安吉县乡村治理的成效

通过历年来的努力，2013 年、2017 年，安吉县两次被中央综治委评为全国平安建设先进县；连续 14 年蝉联浙江省"平安县"，成为浙江省首批平安金鼎地区；2019 年成功入选为"全国乡村治理体系建设试点县"。

（一）乡村民主法治深入人心

安吉县出台了《美丽乡村民主法治建设规范》和《乡村治理工作规范》等标准规范，全县民主法治村创建覆盖面达到 100%，其中县级"民主法治村"实现全覆盖。

（二）乡村治理体系日趋完善

安吉县全面推行全科网格建设，组成以 505 名全科网格员为核心的团队，通过巡查走访、信息流转，将大多数矛盾纠纷、安全隐患解决在基层，消除在萌芽。

（三）乡村治理手段多元创新

安吉县高标准建立了 1 个县级社会治理指挥中心、15 个乡镇（街道）、208 个村（社区）的综合指挥室，对各类事件进行监测监控、信息报告、综合研判、指挥调度、移动应急指挥等功能，实现了多部门、多层次的统一指挥、联合行动，实现各类情报信息"统一受理、集中梳理、分流办理"，确保各类矛盾纠纷、排查的各类风险隐患都能在第一时间处置化解。

（四）乡村治理的管理体系实现闭环

安吉县全县严格落实县领导"六联"机制和部门乡镇（街道）联系共建制度，县四套班子成员定期到联系乡镇、联系村走访调研，掌握基层治理建设情况。

◇第六节　安吉县制度创新的历程与成效

经济学家道格拉斯·诺斯指出，制度在社会中起着更为根本性的作用，是决定长期经济绩效的基本因素（North，1963）。有效的制度能解决市场经济中激励和约束这两大基本问题。制度通过确定行为框架，提供激励机制，创造有效组织运行的条件，能够降低交易费用和转化成本，协调复杂的生产过程，促进技术创新，提高适应性效率。制度的这一功能决定了经济活动的获利性和可行性，并影响收入分配、资源配置和人力资源的开发，从而使得制度在经济绩效中起主要的作用（杨灿明等，2003）。鉴于制度与经济绩效存在着如此密切的关系，新制度经济学把它视为继天赋、技术、偏好之后经济发展的第四大支柱，进而被认为是构成经济发展的内生变量（刘成奎，2004）。因此，制度创新是安吉县成功践行"绿水青山就是金山银山"理念的重要保障。

一　安吉县制度创新的历程

（一）生态启蒙阶段

这个阶段是从 2001 年"生态立县"战略确立至 2005 年"绿水青山就是金山银山"理念诞生于安吉余村。世纪之交，国家重要水体治理背景下太湖流域水生态环境治理、西苕溪污染防治倒逼安吉县域产业结构、经济发展方式转变，安吉县确立了"生态立县"的发展战略，关停淘汰重污染企业，着力改善农村人居环境。2003 年起，安吉县结合"千万工程"持续推进"生态立县"战略实施，直到"绿水青山就是金山银山"理念的提出对安吉"生态立县"、转型发展的理论概括，也指导引领了安吉未来改革创新发展的实践方向。

（二）重点领域改革开启阶段

这个阶段是从 2005 年至 2012 年，在"绿水青山就是金山银山"理念引领下率先开始探索美丽乡村建设，持续促进产业绿色转型发展。2008 年安吉县为巩固提升"千万工程"建设成果，首创美丽乡村建设载体，打造"千万工程"升级版。县域美丽乡村创建成为安吉县践行"绿水青山就是金山银山"理念，深入推进改革创新的着眼点和发力点，将"绿水青山就是金山银山"理念与新农村建设、乡村发展融合起来，做足美丽文章，从根本上改变了乡村面貌。

（三）美丽品牌建设提升阶段

这个阶段是从 2012 年至 2018 年，标准化规范化推进美丽品牌建设，"绿水青山就是金山银山"理念引领生态文明建设的实践示范效应充分彰显。2012 年安吉被授予中国第一个县域联合国人居奖；2013 年荣获中国首个"全国绿色治理者"奖；2015 年 6 月，以安吉县为第一起草单位的《美丽乡村建设指南》经国家标准委员会发布施行，成为全国首个美丽乡村建设标准；同年 10 月，省委、省政府批准安吉创建"绿水青山就是金山银山"理念实践示范县；2016 年被环保部列为"绿水青山就是金山银山"理念实践试点县；2017 年被环保部授予第一批"绿水青山就是金山银山"实践创新基地；同年 12 月，安吉县《美丽县域建设指南》地方标准规范在余村发布；2018 年 8 月"绿水青山就是金山银山"发展指数研究成果及"绿水青山就是金山银山"发展百强县名单在安吉发布，安吉县位列全国"绿水青山就是金山银山"发展百强县第一位，同年 12 月，安吉县被授牌命名为国家生态文明建设示范县。

（四）综合改革创新阶段

2019 年以来，安吉县进入综合改革创新的新阶段，浙江省委全面深化改革委员会印发《新时代浙江（安吉）县域践行"两山"理念综合改革创新试验区总体方案》，依托"两山"理念实践示范县创建、"两山"理念实践试点县、"两山"实践创新基地、国家生态文明建设示范县等省部、国家级平台载体建设，构建以"绿水青山就是金山银山"理念实践，生态文明建设全面引领改革创新的新局面新境界，开创新时代人与自然和谐共生、和谐发展县域现代化新格局。

二 安吉县制度创新的成效

安吉县 15 年的改革发展历程、实践成效生动而深刻地诠释了"绿水青山就是金山银山"理念蕴含的时代逻辑和发展逻辑，持续推进改革创新，实现高质量发展是安吉县域践行"绿水青山就是金山银山"理念的最显著特征。

在"绿水青山就是金山银山"理念引领下，"千万工程"得到巩固提升，安吉县率先在县域范围内开展美丽乡村建设，将美丽乡村建设作为改革创新的着力点，成为中国美丽乡村发源地，制定全国首个美丽乡村建设国家标准。在美丽乡村建设覆盖率100%的基础上，探索推进美丽乡村、美丽城镇、美丽城市"三美同步"建设，释放美丽乡村建设品牌示范效应和牵引作用，促进城乡融合发展、城乡一体化，提出建设中国最美县域奋斗目标，出台中国最美县域建设五年行动计划，制定《美丽县域建设指南》《美丽县域建设规范》等地方标准规范。从美丽乡村到美丽县域，安吉县美丽品牌建设从乡村区域向全县域拓展，为美丽中国建设提供了县域样板。

安吉县因地制宜利用自身良好生态环境优势，依托当地的优势资源，安吉县打出了"一片叶子（白茶）、一根竹子和一把椅子"三张绿色产业的"金名片"。安吉县坚持产业融合发展导向，全县一产"接二连三"，二产转型升级，三产高端提升，形成了以休闲观光农业为基础，以白茶产业和椅、竹两大传统产业以及新兴产业为支撑，以休闲旅游业为主导的现代产业体系。通过自然资本撬动人造资本、人力资本，三者有机贯通，推动了生态效益向经济效益、社会效益高质量转化。

安吉县践行"绿水青山就是金山银山"理念、不断提升美丽品牌建设、推进综合改革创新的最重要经验就是发挥基层党建引领作用，充分调动了基层群众的积极参与，赢得了广大群众的广泛支持，激发了广大群众的实践创造力。人民群众是历史的创造者，是改革发展的价值主体，依靠人民群众实践智慧和创新能力才能成为践行"绿水青山就是金山银山"理念的样板地、模范生，以"八个村"为标志的"余村经验"，鲁家村全国首个"田园综合体"经营模式，高禹村"五个所有"乡村基层治理经验，横溪坞村"零垃圾村""垃圾不出村"的垃圾资源化、减量化、无害化处理经验，潴口溪村等"多村联创"景区村庄的美丽乡村经营经验,都充分证明了依靠基层群众推进实践创新的重要性,只有依靠群众共建、共治、共享,才能实现以人民为中心的发展,体现了中国特色社会主义制度优越性。

◇ 第七节 安吉县践行"绿水青山就是金山银山" 理念的产业发展成就

经济发展是践行"绿水青山就是金山银山"理念的应有之义,而经济发展依靠产业发展,安吉县通过积极发展生态农业、生态工业、生态服务业等,实现了经济的快速发展和人民生活水平的显著提高。自安吉县开展"生态县"建设以来,2005 年安吉县 GDP 发展增速达到 14.2%,高于同期浙江省 GDP 12.4% 的增速,同时也高于全国 GDP 的平均增速 9.9%;2019 年安吉县 GDP 发展增速达到 7.8%,高于浙江省 GDP 6.8% 的增速,也高于全国 GDP 6.1% 的增速。可以说明以绿色产业为核心的县域经济发展速度较快,"绿水青山就是金山银山"理念为县域综合经济发展提供了较大助力,绿色产业对安吉县县域经济的发展起到了重要作用。

一 第一产业:农业

安吉县积极践行"绿水青山就是金山银山"理念,坚持把农业绿色发展作为推动乡村振兴的重要抓手。2018 年,全县农业总产值达 26.38 亿元,是 2005 年农业总产值(10.99 亿元)的 2.4 倍。2019 年安吉县农村居民人均可支配收入 33488 元,比全省平均水平高出 3612 元。安吉县是中国著名的白茶之乡、竹乡,农业在国民经济中占有重要的地位。

（一）特色农业稳定发展，并逐步形成集群效应

在"绿水青山就是金山银山"理念的重要指引下，安吉县的特色农业产值增长速率较为稳定，对 GDP 的贡献率不断提高。从 2005 年到 2017 年的 12 年间，安吉县白茶面积、产量、产值三个指标分别增长了 4.6 倍、6.9 倍和 8.3 倍。安吉县毛竹采伐量由 2005 年的 1790 万支，增加到 2017 年的 2893 万支，安吉县冬笋获评全国十佳蔬菜地标品牌，品牌质量管理全程可追溯体系全面建成。安吉的特色农业产业逐步形成了产业集群效应。2017 年，全县累计建成现代农业园区 93 个，形成了安吉白茶、高山蔬菜、生态甲鱼、富硒稻米、高档水果等一批高收益的农业产业。目前，安吉县的白茶产业已基本形成了较为完善的产业集群，农户种植，青叶交易，茶叶大户、龙头企业加工，合作社收购，公司、龙头企业营销，其他相关的配套企业，如炒茶机器设备、礼盒包装企业也不断发展。

（二）以特色主导农业为基础，促进第一、二、三产业融合发展。

在坚持发展特色农业的同时，安吉县依托特色农业，延伸产业链条，实现兴县富民，是安吉模式的又一重要经验。以粮食、白茶、竹业、果蔬、水产养殖等特色主导产业为主，形成生产基地、龙头企业、批发市场一体化建设，打造"良种推广—农业生产—精深加工—品牌销售"完整产业链。安吉全县已有白茶省级龙头企业 2 家，市级龙头企业 11 家，500 万元以上企业的茶企 34 余家，茶叶专业合作社 45 家，安吉白茶协会会员单位 390 家，基本形成了"公司+基地+农户"的生产方式；安吉白茶产业链从业人员 19.8 万余人，仅此一项就为全县农民人均增收 6000 元以上。同时，安吉县积极拓展农业功能，重点发展休闲农业和乡村旅游，引领农村服务业发展，实现乡村

旅游规模和效益的倍增。打造"农业两区"升级版，发展休闲观光、电子商务等多功能农业综合体，促进农村第一、二、三产业融合发展。

二　第二产业：工业

（一）调整工业结构

安吉县坚持绿色生态、产业融合发展导向，大力发展绿色制造、绿色家居、生态农业、休闲产业，初步形成了具有地方特色、符合县域实际的"1+2+3"绿色产业体系，"1"即健康休闲一大优势产业，"2"即绿色家居、高端装备制造两大主导产业，"3"即信息经济、通用航空、现代物流三大新兴产业。安吉县的工业发展实现了从污染高耗产业向生态低碳的转变。2005 年以来，椅业和竹制品两大行业快速发展，成为全县工业经济支柱产业。2019 年以椅业和竹产业两大传统产业为主的绿色家居产业，健康休闲和装备制造等新兴产业产值占比快速提高，而以造纸、水泥为主的八大高耗能产业产值大幅下降。

（二）优化工业布局

安吉的工业布局由分散发展向工业园区集中转变。安吉县取消工业考核，集中布局工业平台，大力促进工业产业集中、集聚、集约发展，打造省级开发区、天子湖工业园、临港经济区工业"金三角"总体布局，并规划建设省际边际产业集聚区，推动工业园区向工业新城转型，提升平台承载力。构建"两大支柱产业（椅业和竹产业）+五大新兴产业（装备制造、新型纺织、新能源新材料、生物医药、绿色食品）"的产业体系，实施工业经济转型升级三年行动计划，积极发展循环经济，打造区域品牌，推进产业集群化发展。

三 第三产业：服务业

围绕"绿色生态型服务业强县"的创建，安吉县正着力构筑生产性服务业和生活性服务业均衡发展的现代服务业体系，初步形成了具有县域特色的"4+3+2"现代服务业体系，服务业呈现良好发展态势。

（一）推动平台集聚

强化"绿水青山就是金山银山"理念先行优势，大力推动平台集聚。安吉县始终把"绿水青山就是金山银山"理念全方位融入决策工作中，利用安吉良好的区位优势和生态环境，依托灵峰国家级旅游度假区的"国字号"平台，在全力推进海游天地度假城、树兰健康城等服务业重点项目的基础上，不断拓展发展途径，落实惠企政策，实现产业集聚，实现双赢局面，推动新时代践行"绿水青山就是金山银山"理念综合改革创新实验区的建设。

（二）支持服务企业

安吉县深入服务业企业，全面开展"三服务"工作。全县对全县百余家服务业重点企业进行走访调查。与企业负责人进行面对面会话，深入分析企业发展中遇到的难题，挖掘难题产生的根源，会同各相关部门进行研判与协调，及时为企业排忧解难。加大招商引才力度，出台相关政策扶持企业，帮助企业提高技术创新能力和竞争能力。

（三）抓好项目落实

安吉县抓好项目双进，实时跟进项目的形象进度。全县逐步建立完善项目协调推进机制，进一步完善项目季度督查通报制度，秉持在新建项目早开工，在建项目早竣工，竣工项目早运营的理念，切实发挥出重点项目所带来的综合价值。

◇第八节 安吉县践行"绿水青山就是金山银山"理念的基本经验、面临问题和未来发展对策

安吉县践行"绿水青山就是金山银山"理念 15 年来,在美丽乡村、产业发展、生态治理、制度创新等方面都取得了巨大的成效,形成了典型的安吉模式,积累了重要的经验,当然也面临着一些问题,下一步的发展也需要进行相关的深入研究。

一 安吉县践行"绿水青山就是金山银山"理念的基本经验

(一)发展思路一以贯之

自 2001 年确立生态立县发展战略以来,安吉县历届县委、县政府领导班子坚决摒弃唯 GDP 增长的政绩观,牢固树立生态保护和改善优先的发展观与政绩观,虽然经历了几届县委、县政府换届,但生态立县发展战略、生态保护和改善优先发展思路一直贯穿于安吉发展的始终。安吉县出台了一系列重要文件,保障生态立县发展战略的有效实施与具体落实。发展思路的一以贯之在所有重大政策制定、历届党代会和政府工作报告以及国民经济和社会发展"五年规划"等规划编制中都得到充分的体现。

(二)强化顶层设计

安吉县对县域的发展进行科学规划、标准引领,强化生态文明建设的顶层设计。安吉县坚持走绿色可持续的发展道路,没有受到党委

和政府换届以及主要领导更替的影响，生态文明建设取得突出成效，一条重要经验就是不断根据发展变化需要，围绕生态立县发展战略，科学制定战略规划、标准规范，强化生态文明建设顶层设计，有效地指导生态立县发展战略实施。

（三）全域融合发展

安吉县通过全域建设美丽乡村，推动产业融合、城乡融合发展。美丽乡村建设是安吉生态文明建设的重要抓手和平台。美丽乡村建设不仅极大地改善了乡村生态环境和人居环境，而且发挥优美的生态环境、人居环境以及独特的自然资源等优势，实现了产业融合发展和城乡融合发展，是"绿水青山转化为金山银山"最主要的实现途径。

（四）构建主导产业体系

安吉县立足优势资源禀赋，构建了生态绿色的主导产业体系。如何进行绿水青山转化为"金山银山"是实现"绿水青山就是金山银山"理念的关键，其实就是充分利用本地资源禀赋优势，将生态环境优势转化为经济发展优势，提高综合竞争力。安吉县在保护和改善生态环境的同时，通过产业融合发展，大力发展特色产业和绿色经济，形成了包括白茶产业、竹产业、椅业、生态休闲旅游业以及新兴产业等在内的生态绿色产业体系，生态绿色产业成为安吉县经济发展的主导和支柱，有力地支撑了安吉县经济发展，也带动了城乡居民收入的增长。

（五）加强生态文化建设

安吉县通过加强生态文化建设，培育民众生态文明意识、理念。保护和改善生态环境能否落实到经济社会发展的方方面面，落实到人们的日常生活中，成为全社会遵循的行为准则，关键在于生态文明意识和理念能否深入人心。为此，安吉县不断加强生态文化建设，创新生态文明宣传方式，普及生态文明理念，提高公民生态文明素养。

二　安吉县践行"绿水青山就是金山银山"理念面临问题和未来发展对策

（一）安吉的白茶产业下一步需要重视加工整合和绿色生产问题

安吉县的白茶产业发展需要进一步巩固和稳定。首先是白茶加工业的整合问题，现在几乎所有的茶叶种植户都有自己的加工设备，安吉的白茶加工遍地开花。因此，白茶产业在茶叶的加工环节需要整合，加工环节的整合可以提高茶叶加工机械的利用效率，有利于稳定茶叶在加工环节的品质，但在整合过程中重点要解决加工增加值的合理分配和共享问题。

其次是白茶的绿色生产问题，目前安吉县的一些乡镇政府和技术人员在利用相关技术和方法促进白茶的绿色生产上已经做出了很多、很好的探索，但还没有总结推广，下一步需要把已经摸索出的经验方法上升到制度层面，用制度去规范白茶种植户的生产行为，促进白茶种植方式的转变，实现白茶的绿色种植。

（二）安吉的家居产业下一步需要重视市场开发和本土集散地建设问题

首先，安吉县绿色家居产业的发展需要进一步打开思路。安吉县现有家居企业的销售地主要在欧美，且以美国市场为主，企业的销售利润容易受到中美关系的影响，比如调研的企业产品都受到了美国提高关税的影响，而使企业能获得的利润降低。因此，如何开辟国内市场和国外新市场是目前急需考虑的。家居产业要开辟新市场，涉及政府为主导产业提供的服务。安吉县的企业在疫情期间复工复产速度较快，这反映了民营企业的活力和韧性，但其韧性也是有限度的，需要政府顶层设计和完善的配套服务。

其次，安吉县新建的东方世贸家居广场，其功能定位在满足安吉居民购买家居需求的同时，能否成为安吉县家居市场的窗口，成为安吉县家居商品的集散地，就像安吉县成为全国白茶集散地一样，在安吉建立一个绿色家居的全国集散地，这个集散地不仅为安吉的家居企业提供产品销售地，也让全国其他地区，甚至其他国家生产的家居集中到安吉来销售。

（三）安吉的竹木产业需要重振

安吉县的竹木产业需要重整，需要重新振兴。"绿水青山就是金山银山"转化的重点路径是竹木产业，现在安吉却基本都抛开了竹木产业，竹木产业在萎缩。竹子、竹笋、木材的合理间伐，既能促进竹木的生长更新，也可以产生效益，安吉县的竹木应定时、分批、分片地轮伐。

但如何重整竹木产业，需要安吉进一步的研究。如加快竹木产业转型提升，培育创新发展新动能；推进竹加工制造业供给侧结构性改革，坚持绿色低碳发展，强化驱动创新，增强发展内生动力，推动竹加工产业迈向产业链中高端；坚持集聚发展、特色发展、创新发展，全力打造国家安吉竹产业高新技术、绿色低碳、循环经济的示范园区，并成为国内竹加工产业集聚程度最高、规模最大，集研发、生产、交易为一体的产业创业平台，着力提高竹产业区域竞争力。

（四）安吉的美丽乡村转化成美丽经济需要进一步的规划

美丽乡村只有好看是不行的，美丽乡村是需要发展的，需要转化为美丽经济才会可持续。安吉县的美丽乡村如何进一步转化为美丽经济，需要进一步的深入研究，如村域主导产业的打造，美丽乡村的产业发展规划等。

（五）安吉的乡村治理需要进一步的提炼

目前城乡融合发展、城乡一体化被关注的较多，而城乡融合治理目前还没有被提及。安吉县是乡村治理示范县，如何把城乡融合治理的体制机制延伸到城乡融合发展中，安吉县需要率先研究。

参考文献

［1］王泽琳、金德禄、张如良：《中美环境正义问题及实践差异的比较研究》，《中国人口·资源与环境》2020年第8期。

［2］龚天平、饶婷：《习近平生态治理观的环境正义意蕴》，《武汉大学学报》（哲学社会科学版）2020年第1期。

［3］包大为：《从浙江经验和历史语境看"两山"理念：乡村振兴的治理方向》，《治理研究》2020年第4期。

［4］Douglass C. North, "Quantitative Research in American Economic History", *The American Economic Review*, Vol. 53, No. 1, March 1963, pp. 128-130.

［5］刘成奎：《制度——经济发展不可或缺的因素——评〈新制度经济学〉》，《中南财经政法大学学报》2004年第2期。

［6］杨灿明、胡洪曙、施惠玲：《农民国民待遇与制度伦理分析——兼论"三农"问题的解决对策》，《中南财经政法大学学报》2003年第5期。

第 二 章

安吉美丽乡村建设 15 年

美丽乡村建设是生态文明建设和"美丽中国"建设的重要组成部分，为农村发展、乡村振兴指明了方向，有助于改善农村环境、增加农民收入、提高农民幸福感。

国外很多国家在农村建设与发展方面已经积累了一些成功经验。美国在城乡一体化发展过程中，提出了乡村发展（Rural Development）概念，以提高乡村居民生活质量和经济福祉为目标，以政府扶持、社会参与和技术援助为手段，培养乡村社区的自我发展能力，实现乡村发展和经济增长。[1] 英国农业政策从重视粮食问题到发展乡村休闲娱乐功能，再到强化对生态环境的保护，推动英国乡村的良性发展。[2] 德国乡村经历了长时间的功能重构，通过落实内生型发展理念，提升乡村空间质量，改善居民生活品质，减少土地消耗，从而确保乡村发展的可持续性。[3] 日本乡村建设经历了三个阶段，依次表现为扩大农业生产规模、重振乡村活力，加强基础设施建设、大力

---

① 胡月、田志宏：《如何实现乡村的振兴？——基于美国乡村发展政策演变的经验借鉴》，《中国农村经济》2019 年第 3 期。

② 于立：《英国乡村发展政策的演变及对中国新型城镇化的启示》，《武汉大学学报（人文科学版）》2016 年第 2 期。

③ 钱玲燕、干靓、张立、蒋薇：《德国乡村的功能重构与内生型发展》，《国际城市规划》2020 年第 5 期。

开发乡村旅游，发展有机农业、促进乡村可持续发展的特点。① 韩国开展新村运动，坚持政府主导构建支农政策体系，建立激励机制发挥村民主体作用，发挥村庄带头人作用。②

国内美丽乡村建设目前也有很多地区取得不俗成绩。北京建立了"1+N"的规划体系，遵循村庄发展规律，突出生态宜居，美丽乡村与新型城镇化互动。③ 上海以改造村庄为载体，将生态、产业和文化建设作为主线，对美丽乡村提出了全覆盖推进、规划引导、资源整合、建管并举等措施。④ 江苏历来重视乡村的规划建设与发展，相继开展了镇村布局规划、村庄环境整治、美丽乡村建设和特色田园乡村行动等工作。⑤

浙江省安吉县是"绿水青山就是金山银山"理念诞生地与"中国美丽乡村"发源地。在"绿水青山就是金山银山"理念引领下，安吉 2008 年提出建设"中国美丽乡村"计划，自此成为引领美丽乡村建设的先行者、模范生，其经验丰富、成效显著，是研究我国美丽乡村建设的典型样本。

---

① 郭笑然、周李、虞虎、吴殿廷、徐琳琳：《日本乡村振兴政策演变及其效果分析》，《世界地理研究》2020 年第 5 期。

② 韩道铉、田杨：《韩国新村运动带动乡村振兴及经验启示》，《南京农业大学学报》（社会科学版）2019 年第 4 期。

③ 彭建华、冯琳、何希德、刘雅琴、王自鹏、周华强：《乡村振兴视角下的美丽乡村建设模式与启示：基于京冀 14 个美丽乡村的考察》，《农业科技管理》2018 年第 6 期。

④ 应建敏、汪琦：《上海新农村的嬗变升华：从村庄改造到美丽乡村建设》，《中国园林》2015 年第 12 期。

⑤ 赵毅、许珊珊、黄丽君：《刍议江苏乡村振兴路径的差异化和特色化》，《规划师》2019 年第 14 期。

◇第一节　安吉美丽乡村建设取得的成效和历程

一　安吉美丽乡村建设取得的成效

安吉县曾为浙江省贫困县之一，然而经过多年建设，它实现了华丽的转身。今日的安吉环境优美、经济发达、社会和谐、文化昌盛。就环境优美而言，多年来，全县森林覆盖率、林木绿化率均保持在70%以上，空气质量优良率保持在85%以上，地表水、饮用水、出境水达标率均为100%，被誉为气净、水净、土净的"三净之地"，获评全国首个生态县、首个联合国人居奖获得县。安吉169个行政村实现美丽乡村创建全覆盖和省A级村庄全覆盖，建成精品示范村55个、经营示范村15个、善治示范村34个，建成区面积达37.6平方公里。就经济发展而言，2019年，全县地区生产总值469.59亿元，完成财政总收入90.09亿元，城乡居民人均收入和可支配收入分别为56954元和33488元，是全国经济百强县（2019年在全国百强县排第68名）。就社会和谐而言，安吉的城乡差距较小，社会和谐稳定。安吉勇夺平安县十四连冠，获评全国平安建设先进县，探索走出一条以"余村经验"为典型代表的乡村治理之路。2019年城乡收入比达到1.7∶1。就文化昌盛而言，全县有4个国保级单位，数量居全省各县区第一，文物蕴藏量居全国各县区前十，非物质文化遗产数量在全省名列前茅，境内生态文化、传统文化、特色文化、产业文化交相辉映。

二　安吉美丽乡村建设的历程

（一）美丽乡村建设"孕育"（2001—2007 年）

为摆脱贫困，安吉曾大力发展工业。由于引进和发展了一些资源消耗型和环境污染型产业，安吉的环境遭到极大破坏，可以说是烟尘漫天、溪流浑浊。1998 年，安吉在国务院开启的太湖治污"零点行动"中受到"黄牌警告"。痛定思痛，安吉开始大力进行环境整治，县委、县政府当年就投入 8000 多万元铁腕治污。不久，当地利用大竹海吸引导演李安前来拍摄《卧虎藏龙》，带来了一拨城市游客。安吉人初尝"生态"的馈赠，在 2001 年确立了"生态立县"的发展战略。①

"零点行动"之后的环境整治以及生态立县政策的提出，使得安吉关停大批污染企业，大批地拒绝污染项目，全县财政收入大幅下降，县财政预算甚至出现负增长。正当安吉面临困境，此时全省层面传递出清晰的信号：2002 年 6 月，浙江提出建设"绿色浙江"；2002 年 12 月，来浙江工作不久的省委副书记习近平，提出建设"生态省"；2003 年 6 月，浙江省启动了"千村示范、万村整治"工程，计划对大约 1 万个行政村进行全面整治，把其中大约 1000 个行政村建成全面小康示范村。从治理村庄布局杂、乱、散，农村环境脏、乱、差等问题入手，按照布局优化、道路硬化、四旁绿化、路灯亮化、河道净化、环境美化的要求编制规划，不断增加投入，积极开展建设。各（地）市相继制定了"千村示范、万村整治"计划。"千万工程"对接"生态立县"，以山川乡、高家堂村为代表的一批安吉乡村脱颖

---

① 安吉证明：《绿水青山就是金山银山》，《光明日报》2017-11-18（01）。

而出。

2005 年 8 月 15 日，习近平同志在天荒坪镇余村提出"绿水青山就是金山银山"。这为安吉县从乡村生态治理、环境改造的"千万工程"向"美丽乡村建设"跃升指出了方向。安吉人意识到不能再走破坏生态、消耗资源的老路，绿水青山可以转化为金山银山，安吉位于长三角腹地，距离上海、杭州、苏州等周边大城市都很近，要在"逆城市化"中抢得先机，求解之要在农村。2005 年 10 月，党的十六届五中全会提出了建设社会主义新农村的重大历史任务。翌年 5 月，浙江大学与湖州市签约，合作共建省级社会主义新农村实验示范区。安吉的"生态立县""千万工程"和"绿水青山转化为金山银山"的探索，又注入了社会主义新农村建设（二十字方针）内涵，汇入到湖州市社会主义新农村实验示范区建设中，"美丽乡村"建设呼之欲出。

（二）美丽乡村建设确立与发展（2008—2012 年）

2008 年 1 月 4 日，中共安吉县十二届三次全体（扩大）会议召开，提出建设"中国美丽乡村"的重要课题。2008 年 2 月，县委县政府作出决策，印发《建设中国美丽乡村行动纲要》，邀请浙大高标准编制《中国美丽乡村总体规划》，按照"全县一盘棋"理念，形成"一体两翼两环四带"的美丽乡村总体格局，拉开了中国美丽乡村建设的序幕。2008 年，安吉被列为全国首批生态文明建设试点县后，整体推进生态文明试点建设，把当时整个县域的 187 个村作为一盘棋来统一规划。按照宜工则工、宜农则农、宜游则游、宜居则居、宜文则文的原则，安吉充分挖掘生态、区位、资源等优势，为县里的村庄设计了"一村一品，一村一业"的发展方案，着力培育特色经济。

2009 年以来，安吉以标准化为要求，编制了涵盖农村卫生保洁、园林绿化等在内的 36 项长效管理标准，还专门成立风貌管控办，保护好农村的一山一水、一草一木。2010 年 11 月 19—20 日召开"湖州·中国美丽乡村建设（湖州模式）"研讨会，美丽乡村建设的"湖州模式"和"安吉经验"声名鹊起。这是浙江大学—湖州市合作共建省级社会主义新农村实验示范区结出的硕果之一，意味着安吉县率先探索的美丽乡村建设之路，得以在湖州市全域拓展开来。

2012 年 11 月，党的十八大报告提出"努力建设美丽中国，实现中华民族永续发展"。美丽乡村建设上升为美丽中国建设的微观基础和重要方面而在全国普遍展开。2012 年年底，安吉县首轮美丽乡村建设完成，仅用了 4 年时间，全县 95.7% 以上的村庄加入创建。

（三）美丽乡村建设规范与推广（2013—2020 年）

2013 年 12 月，习近平总书记在中央城镇化工作会议讲话中提出，"要让居民望得见山、看得见水、记得住乡愁"。中国加快了传统村落修复保护和农耕文化遗产挖掘、整理和弘扬。此后，安吉县"美丽乡村建设"平台上，同时植入了"四化同步发展""城乡一体化""基本公共服务均等化""看得见山、望得见水、记得住乡愁""绿水青山就是金山银山"等多重愿景，安吉县美丽乡村进入到对农村地域空间综合价值追求的高标准规划和建设阶段。

2014 年 4 月，由安吉县政府、省标准化研究院等 6 家单位共同起草，省质监局批准发布的全国首个美丽乡村省级地方标准《美丽乡村建设规范》正式发布。《美丽乡村建设规范》是在总结提炼安吉县美丽乡村建设成功经验的基础上，规范性引用了新农村建设现有国家、行业及地方标准 21 项，并对经济、环境保护、安全等基本指标进行统一规范和量化，共涉及相关指标 36 项。共有 11 个章节，主要框架分成基本要求、村庄建设、生态环境、经济发展、社会事业发展、社会精神文化建设、组织建设与常态化管理 7 部分，使得美丽乡村建设从一个宏观的方向性概念转化为可操作性的工作实践，确保美丽乡村建有方向、评有标准、管有办法。

2015 年 5 月 27 日，由安吉县为第一起草单位的《美丽乡村建设指南》（GB32000—2015）国家标准在北京发布，为全国美丽乡村建设提供了框架性、方向性的技术指导。《美丽乡村建设指南》国家标准由 12 个章节组成，分为总则、村庄规划、村庄建设、生态环境保护、经济发展、公共服务、乡风文明、基层组织、长效管理 9 个部分，在村庄建设、生态环境保护、经济发展、公共服务等领域规定 21 项量化指标，就美丽乡村建设给予目标性指导。该标准还对乡风文明和基层组织建设进行规定，明确公众参与和监督两个长效管理机制，鼓励开展第三方村民满意度调查，确保在高标准建设美丽乡村的同时，进一步完善村民自治机制，保障村民合法权益。同时，标准对乡村个性化发展预留自由发挥空间，不搞"一刀切"，也不要求"齐步走"，鼓励各地根据乡村资源禀赋，因地制宜、创新发展。2015 年 8 月，"绿水青山就是金山银山"理论研讨会在安吉召开，这次会议由浙江省委宣传部举办，国内诸多知名学者参会，安吉的美丽乡村建设得到广泛关注。2015 年以来，由于政府对"绿水青山就是金山银山"理念的重视，从中央到地方给予安吉的发展诸多优惠政策，安吉的发展进入了一个新的发展时期。

2020 年 3 月，习近平同志再次到余村考察。他肯定了余村的美丽乡村建设成绩和绿色发展道路，并指出全面推进乡村振兴的重要性。2020 年 10 月，安吉县发布《安吉县深化"千村示范、万村整治"工程高水平建设新时代美丽乡村"三村示范"工作实施方案》，持续深化"千村示范、万村整治"工程。

◇ 第二节　安吉美丽乡村建设的基本经验

一　坚持生态立县政策，追求全域美丽建设

2001 年安吉提出了"生态立县"的发展战略；2003 年正式提出建设生态县。安吉给自己确定了高标准的定位：建设华东地区山水最绿、空气最清新、生态经济最活跃的旅游城市。2008 年安吉把"中国美丽乡村"行动作为一项造福于民的惠民工程来抓，计划通过 10 年时间最终实现安吉全县建成"中国美丽乡村"的目标，把全县 187 个行政村建设成为"山美水美环境优美、吃美住美生活甜美、话美心灵美社会和美"的现代化新农村样板，探索构建全国新农村建设的"安吉模式"。安吉的美丽乡村建设包括精品村、示范村、精品示范村三个级别，滚动式发展，覆盖面和建设层级不断增加，这个过程充分调动人民群众的参与，特别注意调动村支书、党员同志、妇女、青年、乡贤、志愿者等基层领导干部和广大人民群众的参与创建作用。

安吉一任接着一任干，始终把全域美丽作为一个重要发展目标。安吉坚持"寸山青、滴水净，无违建、零污染"标准，统筹区域环境综合治理，不断创美生态环境。以人大决议的方式设立包括"三改一拆""四边三化""五水共治"工作在内的每月一次环境综合治理"集中推进日"。在全省率先实施公安与环保联动执法、矿产资源统一管理、五级河长制联动治水等监管防控机制，14 个乡镇（街道）建成空气自动监测站建设，大气污染防治精准性进一步提升。在大规模

旧城改造的同时，安吉还制定了景观安全、生态乡镇和生态村规划，以及饮用水源保护、矿产资源、动植物保护等一系列规划，并通过封山育林、绿化造林，建成高等级公路两侧效益型"百里绿色长廊"，首创了"登记挂牌、责任到户"的古树名木保护办法。强化日常监管，突出工业治污重点，加大污染源随机抽查工作，其中2016年就排查企业2201家，建设项目清理完成率100%。"两高"司法解释、新《环保法》出台实施后，全县刑事拘留68人，移送行政拘留案件（线索）120起，行政拘留118人。建立安吉县环境应急专家管理办法，组建15人的安吉县环境应急管理专家库，落实环境违法"黑名单"制度。

二　精心培育生态项目，形成特色绿色产业系统

安吉结合本地情况，深入挖掘农业和农产品加工业的潜力，提出"世界竹子看中国，中国竹乡在安吉"的响亮口号，从毛竹种植、生产到加工当仁不让地做起了竹产业的老大。利用竹子资源，大力发展椅业，产品远销欧美等发达国家。现在全县共有竹业生产企业2100多家，竹产品涉及8大系列3000余个品种。安吉的竹产业为当地农民的就业与增收起到了重要的作用。

安吉集中精力打造中国名牌农产品——"安吉白茶"。2001年，"安吉白茶"被国家工商总局批准注册证明商标之后，安吉县即出台了一系列优扶政策举措和举办各类推介活动，全力推进"安吉白茶"品牌建设。安吉除了对获得中国驰名商标及省市著名商标和境外注册的茶叶类农产品商标进行奖励、补贴的同时，又拿出5000万元专项

资金用于"安吉白茶"等区域农产品品牌的宣传推介。① 2008 年，"安吉白茶"商标被国家工商总局认定为"中国驰名商标"，这也是浙江省第一个获驰名商标认定的茶叶类地理标志证明商标。为了让广大白茶农户共享"安吉白茶"驰名商标品牌效应，安吉县工商局更是积极培育子商标，鼓励安吉白茶经营者注册自主商标。例如横溪坞村集体经济主要来源是安吉白茶、板栗和毛竹承包款这三块。横溪坞茶场在 2003 年注册紫沟坞商标，进行 QS 认证，2004—2005 年建造了 300 平方米的茶场，并通过了无公害茶叶基地和有机茶的论证，2019 年又投入资金 320 万元对茶场进行重建，扩大茶叶再种植面积，添置了 1 套先进的制茶设备，并制定茶叶销售网站，今年生产茶叶 3000 余公斤，目前为止已销售完毕，产生利润 200 多万元，并积极申报白茶绿色食品认定。至 2019 年村集体可支配收入达到 263 万元，人均收入达 44323 元。

发展经济不能只靠农业，绿色发展除要做好上面提到的生态农业，还要积极发展绿色工业和生态服务业。2019 年 6 月，新时代浙江（安吉）县域践行"绿水青山就是金山银山"理念综合改革创新试验区总体方案经省委深改委会议审议通过并正式实施。安吉加快高质量赶超发展，初步形成了具有地方特色的"1+2+3"生态产业体系，"1"即健康休闲一大优势产业，"2"即绿色家居、高端装备制造两大主导产业，"3"即信息经济、通用航空、现代物流三大新兴产业，三大产业比为 5.9∶45.1∶49。目前，全县有主板上市企业 5 家、新三板挂牌企业 14 家，并形成集民宿、高端旅游综合体、特色小镇于一体的全域旅游（见图 2-1）。

---

① 浙江在线：《"安吉白茶"品牌身价达 17.11 亿元》，见 http://zjnews.zjol.com.cn/05zjnews/system/2010/01/29/016277034.shtml。

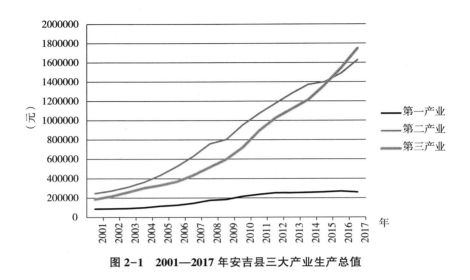

图 2-1 2001—2017 年安吉县三大产业生产总值

  在培育生态项目方面，安吉重视引进重大项目，建设了一批代表性的旅游景点，提升了整个县城的美丽度。近年来，安吉先后引进长龙山抽水蓄能电站、上影安吉影视产业园、中广核风能发电、中国物流基地、港中旅等一大批品牌高端项目，建成知名品牌凯蒂猫家园、世界顶级酒店 JW 万豪、水上乐园欢乐风暴以及老树林度假别墅、鼎尚驿主题酒店、君澜酒店、阿里拉酒店等重大项目。正是这样一些高端优质项目的建成，让安吉的生态旅游产业打出来了知名度，并不断优化、发展。在乡村旅游方面，一些乡村通过整合资源，引进工商资本介入，产生了一系列代表性的旅游项目，获得了明显的经济效益。例如鲁家村 2013 年实施了全国首个家庭农场集聚区和示范区建设，并以此为核心，大力发展休闲农业和乡村旅游。该村对全村区域按照国家 AAAA 级景区的标准，因地制宜综合规划，专项设计 18 个家庭农场，并以观光小火车将农场串联，通过新的经营体系培育，形成一产和三产相结合的乡村旅游发展模式。为提高家庭农场竞争力，形成品牌优势，鲁家村成立安吉乡土农业发展有限公司，注册商标，商标产权归村集体所有，与家庭农场和村集体抱团形成"公司+村+家庭农场"经营模式，在经营方法上，推行"三统三共"，三统即统一规划、统一经营、统一品牌；三共即共建共营、共赢共享、共享共营。家庭农场在经营上走差异化道路，每个农场各具特色，经营内容避免同质化竞争。乡土公司发挥自身专业特长负责旅游的规划、营销，并在建设方面为农场提供指导意见，将所有农场作为一个大景区统一运营，有效提高经营实力。目前，"田园鲁家"核心区已经完成 20 余个农业和休闲旅游项目签约，其中 18 个家庭农场已经全部落地建设，投资 1.2 亿元的智能网联房车项目近期可以试运营，投资 5.8 亿元的鲁家花园已经动工建设，成功吸引各类社会资本约 20 亿元。2018 年接待各地考察团和游客 51 万余人次，旅游收入 2500 余万元（见图 2-2）。2019 年，鲁家村农民人均纯收入达 42710 元（见图 2-3），村级集体资产 2.9 亿元，农旅结合发展效益持续放大。

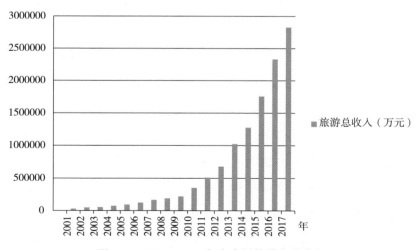

图 2-2　2001—2017 年安吉县旅游业总收入

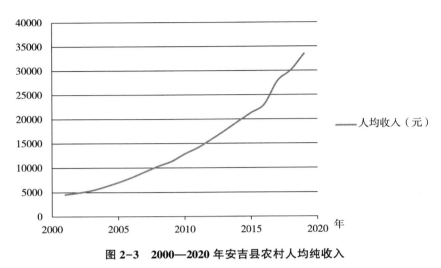

图2-3　2000—2020年安吉县农村人均纯收入

注：2014年开始农村居民纯收入调整为农村常住居民人均可支配收入

三　不断延伸公共服务，提高乡村治理水平

安吉县日益完善公共设施，全县集镇污水设施、生活垃圾无害化处理、农村联网公路、城乡公交、劳动就业、卫生服务、居家养老、学前教育、广播电视、文化体育、城乡居民社会养老保险、农村清洁能源利用、农村信息化运用13项公共服务实现全覆盖。创新建立安吉幸福指数评价体系，并以此为引领，量化提升全县幸福感。创新村庄治理模式，通过乡镇合并、村庄合并以及自然村向行政村的集聚，整合优势资源、集聚人力物力，为绿色发展拓宽道路。

例如近年来高禹村经过集镇发展、农村整村整治建设、示范区建设、商合杭高铁建设等项目，约有1200户农户进行了拆迁，特别是2012年的整村整治建设，使得很多的老年人需要和子女共同居住。很多老年人在拆迁过程中和村两委班子进行了沟通，表达了自己想要单独居住的愿望。为了实现老年人居家养老的愿望，高禹村以优化服务为帮手，开启幸福养老模式。于 2015 年建成高禹村老年公寓两幢，总建筑面积约 13000 平方米，成为全省最大的村级老年公寓。建成高禹村托养服务中心，以现代化智能管理方式，配有专用的终端呼叫器和紧急呼叫求救功能、专业的医护人员和经过系统化培训的护理人员，能为老人提供优质高效的服务。贯彻夕阳安康工程，从 2014 年开始为 70 周岁老人发放生活补助金，2017 年 70 岁以上老人有 521 人，共发放生活补助 673600 元。成立村丧事服务点、禹楮园生态公寓，积极倡导"魂系生态、叶落归根、回归自然、绿荫后人"的绿色丧葬模式。推广树葬、花葬、草坪葬等节地葬法，鼓励倡导深埋、撒散、海葬等不保留骨灰方式，推动绿色殡葬。

四　以生态文化为引领，建设乡村多元文化

安吉县积极推进乡村文化建设，以生态文化为引领，发展多元文化。在生态文化建设方面，构建"1+12+N"的生态博物馆群落，即 1 个中心馆、12 个专题馆、42 个村落馆，该博物馆群落在培育群众生态文化意识、传播生态文明知识方面发挥了重要作用，已成为安吉县宣传生态文明理念的主阵地，生态主题实践活动蓬勃开展，生态健康的生活方式深入人心。在生态文化建设基础上，深入挖掘孝文化、农耕文化、尚书文化、白茶文化、竹文化等各地传统文化、特色文化、产业文化。生态文化、传统文化、特色文化、产业文化实现了融合发展，提升了安吉乡村文化内涵与乡村休闲游品位，促进了文化创意产业与旅游业的高质量发展。

例如潴口溪村弘扬"抗战"文化，修建抗战大院，作为抗战事迹的展览馆向游人开放；传承"孝"文化，举办"孝子灯"民俗文化

节，邀请全村 70 岁以上老人参加"孝爱"主题活动，举办长寿宴，向老人们派发红包；依托"南溪湿地"传播生态文化；创建农创部落和县花馆，宣传农耕文化等，将乡村文化与旅游产业紧密融合，弥补旅游资源的不足，发挥特色文化优势，形成多种文化交相辉映、争相绽放的繁荣局面。

◇ 第三节　安吉美丽乡村建设面临的主要问题

一　农村建设用地指标严重不足

土地是农村最重要的生产要素之一，目前安吉县各村发展遇到的普遍问题之一就是能够用于建设和经营的土地指标非常有限，土地要素不足，无法满足发展需求。在土地指标如此紧缺的情况下，谋求发展只能量体裁衣、深受制约，尽管有些村庄想尽办法解决建设用地土地指标紧缺问题，如开拓耕地后备资源、劝说村民提供闲置房屋土地用于建设经营，但面临长远规划与现实发展需求，这种办法能腾出的用地指标实在是杯水车薪。不解决土地指标受制约的问题，恐难越过目前发展的瓶颈。

二　高素质人才紧缺

人才是美丽乡村建设和经营的关键，乡村管理与建设需要高素质管理人才，农村新技术推广应用和新兴产业发展都需要高素质科技人才，但在农村基层工作待遇不高，公共服务相比于城市也不够完善，难以吸引高素质人才扎根农村，即使人才引进来，也面临是否留得住的问题。目前农村人才流失严重，乡村建设和经营主体的缺乏成为制约乡村发展的一个重要因素，各村对于引进人才、留住人才的呼声很高。

三　农民进一步增收困难

安吉在促进农民增收方面一直走在前列，取得了很大成绩，居民人均可支配收入很高，但进一步增收比较困难，目前受经济下行、中美间贸易摩擦影响，工资增长放缓、一产经营困难导致增收压力加大，竹产业低迷导致依靠竹产业为主的农民收入前景不容乐观，部分经济薄弱村因区位偏远、资源有限、人才紧缺、水源地保护等客观因素制约二产三产经营难以发展壮大，无法发展壮大生态工业、旅游业。

四　部分村庄资金供给不足

美丽乡村建设需要资金投入，人才保障、长效管理、持续发展更需要大量资金，仅靠地方政府资金支持，只能短期内重点扶持，难以维持长效发展，更不可能面面俱到。发展壮大村集体经济、从外部引入工商资本才是解决资金要素的根本对策，但有些村庄由于地理区位制约、自然资源匮乏、治理能力欠缺等原因，村集体经济发展较差，工商资本追求利润的本质决定着资金不可能流向回报率低的行业和地区，对于村集体经济不发达、引入外部资本困难的村庄，资金来源不足，难以支撑美丽乡村建设长效管理与发展。

五　公共服务方面仍有短板

农村居民目前比较关心的公共服务主要是养老和医疗，在全球老龄化日渐严重的当代，我国农村老龄化问题尤为严重，农村剩余劳动力向城镇转移，农村老龄人口基数大，养老成为亟待解决的问题，医疗水平有待提高。以养老为例，部分村庄如高禹村建成以老年公寓、敬老院、托养、残疾人服务中心为一体的农村养老综合体，较好地实现了老年人本地安享晚年的局面。就整个安吉而言，由于青壮年普遍到城市务工，部分村庄存在年迈老人行动不便、无人照料或有病难以尽快就医等困难。

◈ 第四节　安吉美丽乡村建设的对策建议

一　推动土地指标跨省交易，建立土地股份合作社

一是推动土地指标跨省交易。2018 年 3 月，国务院办公厅印发的《跨省域补充耕地国家统筹管理办法》规定："耕地后备资源严重匮乏的直辖市，占用耕地、新开垦耕地不足以补充所占耕地，或者资源环境条件严重约束、补充耕地能力严重不足的省，由于实施重大建设项目造成补充耕地缺口，经国务院批准，在耕地后备资源丰富省份落实补充耕地任务。"① 基于此，安吉开展了跨省交易土地指标的行为，但从目前看来还要加大力度，向西部、东北部土地资源富余省份寻求土地指标的置换，形成安全可控、平稳运行、长期合作的土地指标跨

① 中国政府网：《国务院办公厅关于印发跨省域补充耕地国家统筹管理办法和城乡建设用地增减挂钩节余指标跨省域调剂管理办法的通知》，见 http://www.gov.cn/zhengce/content/2018-03/26/content_ 5277477. htm。

省交易体系，增强土地指标跨省交易的持续性、长效性、稳定性。二是零散用地的整合利用。持续对零散用地进行复垦，将原低小散企业、闲置农房等零星用地拆除复垦，推动形成建设用地指标。三是建立土地股份合作社。将建设用地跨区域调整集中，实行"所有权按份共有、使用权共同入市、收益按份分配"①，跨村整合土地资源，实现强强联合、以强带弱、共同发展。

二　加大人才引进力度，健全人才培育机制

美丽乡村建设，人才是关键。一是加大人才引进力度。坚持柔性引才、以才引才，开辟引进人才绿色通道，优化人才引进政策环境，提高人才服务保障水平。二是加大基层干部培训。聘请专家学者到安吉指导帮扶，对村干部进行职业化、专业化培训，着力提升村干部福利待遇尤其是工资水平，组织村干部到上级部门挂职锻炼，不断提高村干部工作能力。三是鼓励大学生回乡创新创业。将美丽乡村建设与高校人才培养有机结合，吸引浙江省内及周边地区高校到安吉建立对口专业实习实训基地，引导大学生毕业后服务农村、扎根农村，加强大学生村官队伍建设，完善人才评价、保障、激励机制；优化经济发展环境，营造返乡创业良好氛围，为创业人员提供专业技术、经营管理、市场营销等方面的指导咨询。四是鼓励社会人士振兴乡村。深化人才体制机制改革，吸引更多社会人才和团队来安吉创新、创业，激发和弘扬创新精神；鼓励新乡贤、医生教师、技术人员、文艺工作者等通过返乡交流、业余咨询、志愿服务等方式，将专业知识、先进技术、多元文化带入乡村。

---

① 李敢、徐建牛：《"农地入市"助力构建强弱村经济共同体》，《贵州大学学报》（社会科学版）2020 年第 3 期。

三 努力促进农民增收，创新发展红利共享制度

一是加大农民专业技能培训。经营民宿、农家乐等显然具有更高的经济效益，但目前来看，很多农户的经营同质化程度高，特色不明显。有针对性的加强农民技能培训，增强其在乡村旅游业方面的创新创业能力；培育农民发展特色民宿、文化主题饭店、乡镇精品客栈等多样化住宿业态，打造具有鲜明特色的民宿经济、旅游产品。二是鼓励外来资本造福当地农民。外来工商资本在规划或运营生态农业、生态工业、生态旅游等各类项目中，对能给当地创造大量就业机会特别是实现高质量就业的，给予一定的政策倾斜。三是创新社会发展红利共享制度。在政策制定中，在涉及拆迁补偿、集体经济分红、基础设施建设、公共服务等方面应充分考虑农民特别是贫困农民的生存与发展利益，使发展成果由全体人民共享，增强其获得感和幸福感。

四 统筹产业协调发展，加强村庄集体经济建设

一是加强县域经济建设。在加快融入杭州都市圈、长三角一体化进程中，承接劳动密集型产业的转移，突出产业协作，聚焦白茶种植、竹业、椅业等优势产业；立足白茶主产区，推广绿色无污染种植技术，打造知名的安吉白茶品牌，升级优化白茶产业。针对竹业，从民俗历史中挖掘竹产业文化，积极培育文创产业，在设计领域加入竹文化创意，充分挖掘竹子文创经济价值，提升绿色家居产业，打造全球绿色家居基地。在旅游度假、文化创意、品牌打造、商业宣传、会议展览等方面不断深入，塑造安吉专属的品牌名片、形象工程。发展配套经济，加强道路交通互联互通，推进基础设施、生态环境、公共服务、物流运输的一体化发展。鼓励乡村企业与高校科研院所开展合

作学习先进技术，提高自主研发能力，增强科技创新引领作用，引进、培育一批特色明显、拥有核心自主知识产权的优势企业，着力构建安吉科技城、安吉科创走廊，将外部绿色工商资本、创新型人才、先进理念、高新技术引进来。二是形成有地方特色的优势产业。随着人们对生活品质的要求不断提高，旅游观光、休闲娱乐、健康养生等产业将迎来新一轮发展契机，安吉县要积极利用新媒体资源，充分展示生态名片，利用文化、区位等优势资源，打造长三角地区高端休闲康养基地。旅游产业要发掘文化资源，继续弘扬白茶文化、孝文化、农耕文化、尚书文化、竹文化、昌硕文化等地方特色文化，挖掘乡贤文化、红色文化、传统文化等潜力文化；推进全域智慧旅游体系建设，形成以资源特色为导向，以交通网络为纽带，以资源共享为目的的景区合作格局，深入挖掘各乡镇风光与文化特色，打造每个景点的核心特征，避免同质化、庸俗化，打造一批具有鲜明特色、品质高档的乡村旅游品牌。三是扶持经济薄弱的村集体经济建设。建立健全城乡融合发展机制，根据资源禀赋和发展潜力，宜农则农、宜工则工、宜商则商，缩小城乡差距，形成优势互补、错位发展的格局，持续深化"村企联合""部门包村""村村联合"① 发展，鼓励多村联创，推动政策、资金、人才向薄弱村倾斜，以强带弱，解决集体经济薄弱村发展问题。

五 加强环保督察，加大环境整治力度

一是加强环境保护督察。按照"全域大花园"建设思路，加强环境保护督察，落实区域生态补偿和生态环境损害赔偿制度，持续开展

---

① 冯丹萌：《农村集体经济"抱团发展"的浙江探索》，《农村经营管理》2020 年第 7 期。

治气、治水、治违、治乱等城乡环境综合治理，全域排查、源头治污，着力建设水净、天蓝、土洁、山青的宜居环境。二是实施生态农业监管。大力推进绿色低碳有机农业，减少化肥农药的使用。三是加强生态补偿制度建设。进一步加大县内转移支付力度，建立跨区域间生态补偿制度，在县域内、县与县外之间实现有效的河流生态补偿。四是解决突出美丽乡村污染问题。对群众反映的污染问题认真彻查，依法打击各类破坏生态环境的违法犯罪行为。对安吉县内部分乡村形态较差、污染较重的情况进行专项治理，加大政策和资金扶持力度，把任务分解到单位、个人，务必使得突出环境问题得到根本性解决。

六 提升公共服务质量，提高居民生活满意度

一是提升教育、就业、医疗、养老等公共服务质量，增进民生福祉。重点做好养老服务，全域开发农村社区养老资源，提升农村社区养老服务能力，建立社区居家养老服务网络，利用市场化手段，为老年人提供全方位服务，如修建老年食堂、老年活动中心，提供老年送餐、老年日间照料、上门助老、远程医疗问诊服务，建立老年健康档案，养护结合，定期开展志愿服务。二是优化农村发展环境，推动优质公共服务资源向农村倾斜。在开发社区养老服务资源的过程中，应注意因村施策，创建特色。全方位改善农村人居环境，打造生态宜居美丽乡村。优化农村发展环境，强化城乡资源要素对接，推动优质公共服务资源向农村倾斜，加快建立城乡一体的基本公共服务体系，增强人民群众的幸福感、获得感、安全感和满意度。

七 加快政府职能转变，促进乡村数字化变革

一是持续深入推进"放管服"改革，深化简政放权，增强服务意

识，改善营商环境。政府管理和服务要简约，删繁就简、便民利企，明确各政府部门责任，促进各部门间沟通协调，避免相互推诿，提高办事效率，进一步清理废除妨碍统一市场和公平竞争的各种规定和做法，依法保护各市场主体地位，保障不同所有制主体的公平待遇，巩固推进重点领域改革，在生态文明、农村综合改革、科技创新、社会治理等领域加大力度，加大知识产权保护力度，完善对商标、专利等知识产权的保护，促进企业创新，持续推进农业供给侧结构性改革。二是要加快数字技术在乡村治理、公共服务、农业生产、产品流通等领域的应用，打造产乡融合的数字农业发展新格局。推进农业大数据中心、数字农业产业园建设，推进农村智能监管、智慧生产、综合服务数字化，加大农业互联网、大数据、人工智能等数字技术应用和数字化改造，加快推进现代农业产业、园区管理、乡村治理、公共服务数字化，加强与高校科研院所、企业技术专家和运营商的交流合作，为数字化建设提供强有力的人才和技术支撑。

第 三 章

安吉工业绿色发展15年

工业绿色发展是一种以低碳节能、资源节约、废弃物排放低和零污染为主要特征的新型工业发展模式，具体就是要求工业规模的扩张满足生产和消费可持续性的条件，主要包括实现"工业绿色化"和"绿色产业"，即通过采用清洁生产等相关措施实现生产和消费过程中资源使用效率和生态环境绩效的持续完善。工业绿色发展是绿色发展中的重中之重，它已成为调整优化经济结构、转变经济发展方式的重要动力。中国共产党第十九次全国代表大会明确指出，建立健全绿色低碳循环发展的经济体系，构建市场导向的绿色技术创新体系，壮大节能环保产业、清洁生产产业、清洁能源产业，推进能源生产和消费革命，构建清洁低碳、安全高效的能源体系。安吉县始终坚持生态立县，坚持绿色发展道路，争当践行"绿水青山就是金山银山"理念模范生、样板地，工业绿色发展取得了显著成绩。工业绿色发展对安吉的高质量发展有着重要的经济、生态和社会意义。从生态角度看，只有安吉工业实现绿色转型和发展，就可以节约能源消耗和减少温室气体排放，对加强资源综合利用、环境保护和建设生态文明有着重要的意义。从社会角度看，绿色发展影响着人民生活，与人民福祉相关，安吉工业绿色发展、绿色转型，对于改善居民生活环境，对于构建低碳社会、和谐社会，具有直接的意义。从经济方面看，安吉工业绿色转型发展，有助于优化安吉产业结构，推动安吉经济的高质量发展，对于加快安吉经济绿色发展有着重要的意义。

◇◇ 第一节 安吉县工业绿色发展历程

安吉县委、县政府始终坚持"绿水青山就是金山银山"理念，坚持在保护中发展、在发展中保护，把发展生态经济作为核心任务，一以贯之、层层递进，经济整体已经迈入发达经济体初期阶段，通过狠抓腾笼换鸟、借地升天、循环经济、两化融合等，产业历经了从被"倒逼"到主动选择阶段，产业结构从工业主导到服务业主导，形成了绿色家居等制造业产业集群。工业整体实现了由污染高耗向生态低碳转变，产业结构内部呈现"绿色融合"发展趋势，2018 年以椅业和竹制品两大产业为主的绿色家居产业总产值占规模以上工业的比重超过了 50%，健康休闲和装备制造等新兴产业产值占比达到 22.3%，以造纸、水泥为主的八大耗能产业产值由 1998 年的 41.9% 下降到 2018 年的 16.9%。从 20 世纪 90 年代以来，安吉县发展之路历经坎坷和彷徨，在经历 1998 年太湖治污零点行动的阵痛，结合安吉县自身实际，积极调整产业结构，坚持生态立县发展道路，深入践行"绿水青山就是金山银山"理念，实现了凤凰涅槃，走出了一条绿色生态发展之路。从工业行业结构变化过程看，安吉县的产业结构调整可以划分为三个阶段。

一 产业治理阶段

1998 年至 2000 年为安吉县产业治理阶段，该阶段的特征是以牺牲环境片面追求经济高速发展。1998 年，安吉以纺织、造纸、水泥、化工、化纤等为主的八大高耗能产业占比高达 41.9%，这些产业在短期内促进了安吉经济快速发展，增加了人民群众收入，但伴随的是对生态环境的极大破坏，环境污染问题极其严重。1998 年，安吉受到了国务院"黄牌警告"，被列为太湖水污染治理重点区域。安吉县政府开始认识到，传统工业发展模式不适合安吉县情，不能走先污染、后治理的老路，痛定思痛，全县下决心开始治理高污染企业，经过三年（1998 年太湖治污"零点行动"）综合治理，到 2000 年安吉八大高耗能产业占比下降到 12.8%。

二　产业倒逼阶段

2001 年至 2005 年为安吉县产业结构主动调整期，该阶段的特征是以产业倒逼确立生态立县发展战略。2000 年后全国经济进入高速发展期，安吉在大量关停高污染企业、开展污染治理后导致 GDP 下滑，安吉与周边县区的差距进一步拉大，安吉以水泥为代表的高能耗产业又有了较快发展，高耗能产业占比有所抬头。安吉县委、县政府深刻认识到经济发展与生态保护的关系，认真吸取生态危机的教育，下决心走生态发展之路，2001 年安吉县委、县政府出台《关于"生态立县——生态经济强县"的实施意见》，2003 年又出台了《关于生态县建设的实施意见》，决定实施生态立县发展战略。2004 年至 2005 年安吉县抓住争创全国生态县契机，以壮士断腕的勇气主动大幅度淘汰水泥等高耗能高污染企业，到 2006 年八大高耗能产业占比再次下降到 11.2%，2007 年八大高耗能产业占比达历史最低点 10.8%，安吉县委、县政府采取了一系列政策措施保护和改善生态环境，发展生态经济，并取得了初步成效，生态环境保护和建设走在了浙江省和全国前列，获得了全国第二批"国家级生态示范区"称号和"全国首个国家生态县"的荣誉。

三　产业主动选择阶段

2006 年至今为安吉县产业主动选择阶段，该阶段为特征为"绿水青山就是金山银山"理念实践期，重新优化产业布局和调整产业结构。2007 年，安吉县委、县政府确立了"坚持生态立县、突出工业强县、加快开放兴县"的发展道路，依托优美的生态环境和良好的人居环境优势，积极探索绿水青山转化为金山银山的路径，重点发展具有地方特色的绿色产业，将生态资源转变为生态资本，适当发展一些无污染和能耗相对较低的纺织业，确定了以转椅、竹木两大产业为主，大力发展装备制造、新型纺织、新材料、健康医药等新兴行业。2019 年，安吉八大高耗能产业占比 17.8%，明显低于全省（35.8%）和全市（43.8%）水平，与周边的长兴（52.1%）、德清（40.9%）相比更低，绿色家居产业入选国家工信部"国家新型工业化示范基地"，湖州市金象企业实现零突破，天振竹木成功入选。近 15 年安吉工业经济增速比 GDP 增速快了 0.6 个百分点，工业经济比重比 2005 年提高 2 个百分点。

◇第二节　安吉县工业绿色发展测评

当前绿色发展理念成为安吉工业全领域、全过程的普遍要求，规模以上企业单位工业增加值能耗大幅下降，绿色制造和高新技术产业占比大幅提高，产业布局更优化，结构更合理，绿色发展推进机制基本形成，全县工业绿色发展整体水平显著提升。2019 年，规模以上工业增加值能耗降低率 12.3%，高于湖州市平均水平 10.1 个百分点，列全市第一。

一　资源利用水平明显提高

安吉无论是自然资源还是人力资源的利用效率都有很大的提高。一方面，单位工业增加值能耗、用地量和用水量利用效率从 2005 年到 2018 年有很大提高，说明了安吉能源利用技术有了较大的提高。其中，每万元工业增加值能耗由 2005 年的 0.67 吨标准煤/万元，下降为 2018 年的 0.39 吨标准煤/万元，下降率为 41.8%（见图 3-1）；另一方面，从全员劳动生产率来看，安吉规模以上工业企业全员劳动生产率 2019 年为 82.16 万元/人，相比 2005 年 35.79 万元/人增加了 46.37 万元/人（见图 3-2）；规模以上工业企业固定资产创工业增加值率 2019 年为 46.3%，比 2005 年的 39.9% 提高了 6.4%，这表明了安吉工业企业组织管理水平和人力资源素质的不断提高。

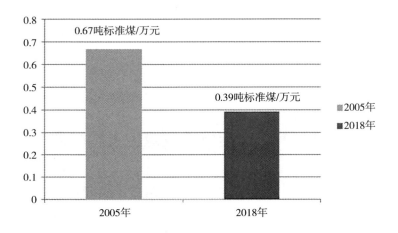

图 3-1　2005 年与 2018 年每万元工业增加值能耗对比

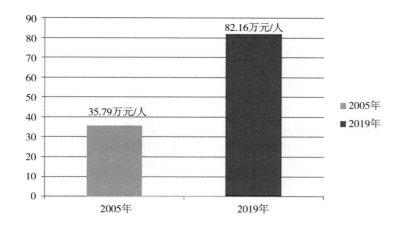

图 3-2　2005 年与 2019 年全员劳动生产率对比

二　污染低碳排放持续下降

安吉工业企业清洁生产技术工艺及装备基本普及，重点行业清洁生产水平显著提高，工业二氧化硫、氮氧化物、化学需氧量和氨氮排放量明显下降，高风险污染物排放大幅削减。安吉单位工业增加值的工业废水、工业废气、工业固体物排放量从 2005 年至 2018 年逐年下降，说明在工业发展过程中，安吉对环境造成的污染缓解水平有较高提升，低碳排放技术进步较大，其中单位工业增加值工业废水排放量由 2005 年的 17.76 万吨/亿元，下降为 2018 年的 8.26 万吨/亿元，下降率为 53.5%（见图 3-3）；单位工业增加值工业废气排放量由 2005 年的 3.17 亿标立方米/亿元，下降为 2019 年的 1.07 亿标立方米/亿元，下降率为 66.2%（见图 3-4）。

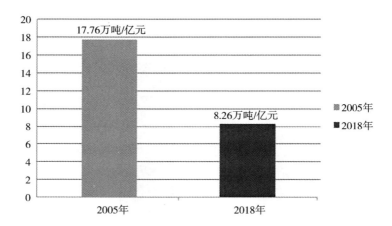

图 3-3　2005 年与 2018 年单位工业增加值工业废水排放量对比

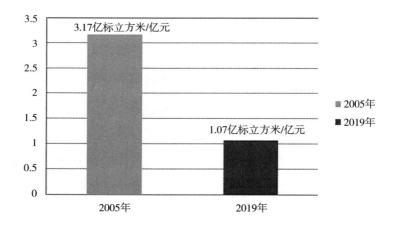

图 3-4　2005 年与 2019 年单位工业增加值工业废气排放量对比

三　工业绿色增长潜力不断增加

安吉企业专利产出和研发人力投入力度呈逐年增长状态，企业的研发投入力度不断增大，研发溢出效应明显，高技术产业占比不断提

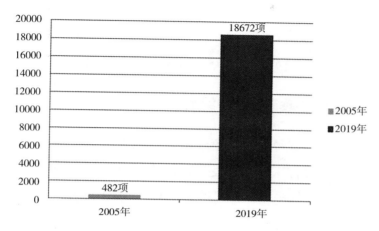

图 3-5　2005 年与 2019 年发明专利申请授权量对比

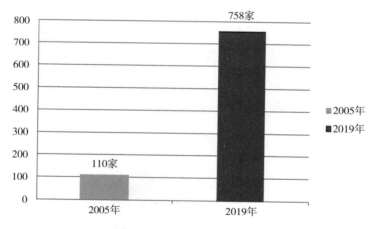

图 3-6　2005 年与 2019 年省级以上高新技术企业数量对比

高，安吉工业绿色发展潜力巨大，2019 年，工业新产品产值率 37.8%，比去年同期增长 2.6 个百分点，1 项、5 项产品分别列入省重点技术创新专项计划、省重点高新技术产品开发项目计划。2005 年新增发明专利申请授权量为 482 项，2019 年增加到 18672 项（见图 3-5）；2005 年拥有省级以上高新技术企业 110 家，2019 年增加到

758 家（见图 3-6）；规模以上工业企业收入利润率 2005 年为 10%，2019 年增长为 12%，增长了 2%；高新技术产业占规模以上工业比重2005 年为 5.2%，2019 年增长为 53.1%，提高了 47.9%。

四 工业绿色政策支持持续加大

安吉在发展低碳经济、绿色经济方面措施不断丰富，政策支持力度相对较大，为安吉工业绿色发展提供了强有力的支撑。在工业污染治理方面，工业固体废物综合利用率 2005 年为 98.68%，2018 年增长到99.65%；工业废气中二氧化硫排放量 2005 年为 15.13 吨/亿标立方米，2019 年为 13.16 吨/亿标立方米，减少了 1.97 吨/亿标立方米；在基础设施建设方面，2005 年建成区绿化覆盖率为 26.06%，2018 年建成区绿化覆盖率为 41%，增加了 14.94%（见图 3-7）；2005 年人均公园绿地面积为 10.61 平方米/人，2018 年人均公园绿地面积为 17 平方米/人，增加了 6.39 平方米/人（见图 3-8）；2005 年公园面积为 65 公顷，2018年公园面积为 431 公顷，增加了 366 公顷（见图 3-9）。

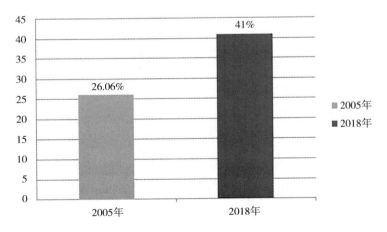

图 3-7 2005 年与 2018 年建成区绿化覆盖率对比

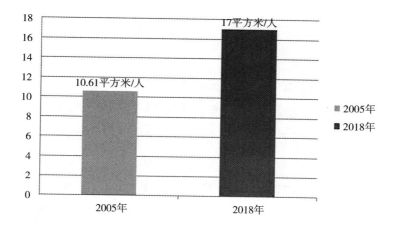

图 3-8　2005 年与 2018 年人均公园绿地面积对比

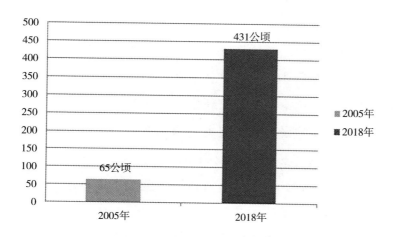

图 3-9　2005 年与 2018 年公园面积对比

◈ 第三节　安吉县 15 周年工业绿色发展成效

近年来，安吉县依托"生态立县"基础，紧扣"绿水青山就是金山银山"转化这篇大文章，加快实施"工业强县"战略，全县上下转变观念、加强服务。安吉县工业发展氛围逐步浓厚，发展步伐逐步加快，产业集聚逐步改观，企业实力逐步增强，工业在全县经济社会发展中的作用更加明显。安吉县政府在工业绿色发展方面务实的举措和亮点的做法主要如下。

一　政策引导，促进绿色家居产业持续发展

作为"绿水青山就是金山银山"理念诞生地，安吉县一直在探索生态经济化和经济生态化发展道路。2019 年，安吉绿色家居企业实现自营出口 216 亿元，同比增加 4%；规模以上绿色家居企业实现总产值 301 亿元，占全县规模工业总产值 48.5%。2020 年安吉家具及竹木制品产业基地入选第九批国家新型工业化产业示范基地名单。安吉从规模效益、载体建设、创新能力、两化融合、绿色发展等方面进一步提档升级，力争将安吉打造成为全球知名绿色家居特色产业基地、全国绿色家居创新设计高地和全省传统产业改造提升示范地。安吉县积极强化政策引导，支持永艺股份、恒林股份、中源家居、永裕竹业等上市企业，把握行业重整时机，谋划实施一批并购项目，并购重组产业链闲置、低效产能，将资本优势转化为规模、技术和市场优势。针对小微企业的转型，安吉县将重点抓好绿色家居产业园、孝丰国家级竹产业园区建设，加快推进椅业小镇和竹业小镇建设，发挥好"三

生融合"良好产业生态引导作用，提升平台层次。加快谋划建设天荒坪镇、上墅乡、杭垓镇、报福镇小微园区建设，提升园区运营管理水平，打造一批高水平的绿色家居专业小微园区，引导中小微企业向"专精特新"方向发展。

二 精准服务，增强工业企业风险承受能力

安吉县在"绿水青山就是金山银山"理念的指引下，通过精准服务促进了安吉县工业经济的高速、绿色发展，增加了安吉县工业企业的风险承受能力。特别是新冠肺炎疫情以来，安吉县通过提升服务实效，助力企业保产能。依托基础数据库，安吉建立了外贸出口、新投产项目、新上规项目、新开工亿元以上项目、亏损企业 5张清单，掌握企业及项目运行情况，发现异常及时解决。同时，通过"专班+专员"增加对 20 家"双金"企业、规模以上工业 50 强、322 家年产值亿元以上重点骨干企业的走访密度，建立"一企一档"，梳理问题类型。2020 年全面复工复产以来，安吉县护童家具产业 4 月份的产能即恢复到同期的 75%，5 月同比增长 10%，6 月同比增长 20%，护童家具的产能从爬坡转向马力全开。加速回暖的不单是护童家具一家。随着争先创优行动的推进，安吉以精准的举措和务实的作风深化"三服务"，为企业赋能。目前，该县经济回升势头良好，主要经济指标增速由负转正，特别是前 5 个月，该县规模以上工业增加值累计增幅高出全省平均值 2.3 个百分点。数据显示，2020 年前 5 月，安吉医药产业和电子产业产值分别同比增长120%、93.7%；绿色家居产业走出低谷，5 月单月产值达 18.95 亿元，环比增长 0.3%。

三 科技支撑，探索生态型循环发展创新模式

安吉探索循环经济发展模式。通过腾笼换鸟，淘汰消除高能耗、高污染产业，实施生态工业高新化战略，建立现代工业体系。在生态工业上，安吉县形成"2+5"体系，形成椅、竹两大特色产业集群，装备制造、生物医药等五大新兴产业，积极探索生态型循环经济发展路子。紧紧依靠科技支撑，"绿色发展"才可持续，这是安吉一条重要经验。近年来，安吉县科技投入大幅增长，2018年安吉绿色制造高新技术产业园区获省级高新技术产业园区，完成高新技术产业增加值55.2亿元，占规模以上工业增加值的43.2%。新增国家高新技术企业22家，省级科技型企业52家，新建企业院士专家工作站2家。新引育"国千"5名，"省千"3名，"南太湖精英计划"33个，"美丽英才计划"23个，高技能人才2409名。2019年高新技术产业增加值增长8.1%。新增省重大产业项目5个、市定"大好高"项目38个，国动云数据基地、远洋数据中心和扬子江安吉生物医药产业园等重大项目成功签约，长龙山电站、商合杭高特等项目快速推进，全力保障"绿色发展"可持续。

四 打造无废城市，创造安吉工业的"无废之道"

安吉县以"绿水青山就是金山银山"综合改革试验区建设为契机，明确提出将"无废城市"创建列入重点创新工作，在全省范围内率先开展县级试点。遵循废弃物避免、减少、重复使用、循环利用、能量恢复、填埋的处理优先级顺序，湖州市生态环境局安吉分局指导企业源头分类减量、加快基础设施建设、妥善处置存量固废。目前安吉县已有71家企业完成了一般工业固废分类存放场所的建设，出台

政策培育第三方再生资源循环利用企业。目前参与存量固废处置的中标单位安吉嘉鸿再生资源利用有限公司已完成全县存量固废共计 1 万吨处置，累计为企业减负约 500 万元。全县目前已有近 260 家企业与安吉嘉鸿等 4 家第三方单位签订处置协议，规划建设工业固废自动分拣收运中心，将一般工业固废制成替代燃料 SRF 进入垃圾焚烧厂，解决企业工业固废最终去向。

◇ 第四节　安吉县 15 周年工业绿色发展短板和原因分析

虽然近年来安吉县工业发展取得了巨大成就，无论从产业结构、市场基础，还是企业素质、发展潜力看，都已发生了质的变化，但长期积累的深层次矛盾和问题尚未得到根本改变，尤其在这次由新冠肺炎疫情引发的全球经济大衰退，国内经济发展前景不明的情况下反映的特别强烈，究其原因，安吉县产业发展的结构性、素质性矛盾尚未解决，与科学发展的要求还有很大差距。主要表现在：

一　结构性矛盾比较突出

安吉县以传统产业和劳动密集型产业为主的安吉制造业升级缓慢，虽然在 2019 年金象企业实现零突破，规模以上工业企业 422 家，亩均税收 18.42 万元，椅业和竹产业两大极具特色的产业集群在全球市场占有较高份额，但安吉县产业总体仍处于全球产业链的低端，整体研发能力弱，缺少自主知识产权，后道营销能力弱，缺少知名品牌，因而产品附加值不高，在中高端市场缺乏竞争力；高新技术等新兴产业发展相对依然滞后，尚未形成产业集群，所占比重极小；大企业大集团块头太小，数量不多，以旅游业为代表的服务业抗风险能力低，难以起到对全县经济的支撑和引领作用。

二　创新知识共享不足

技术创新体系还不完善，椅业、竹产业两大主导产业自主创新能力在近年有所加强，但自主研发的核心技术和关键技术不具备优势，知识产权少，企业自主创新能力不足，同时缺少本土高校和科研院所智力资源，知识存量有限，企业知识共享能力不足，发展较为迟缓；企业家整体素质还不高，创新型高技术人才和管理人才特别是领军人才依旧严重短缺，过度依赖外域人才支撑，自主能力有限，对安吉白茶、竹木产业的再升级支撑力度不够；大部分企业管理粗放，缺乏现代企业知识管理制度以及精益化管理水平，现有知识利用和扩散效率低，在现代创新体系中处于劣势地位。

三　资源环境存量有限

在全国土地严格管理的规制下，结合安吉县生态优先的基本发展战略，安吉县能够作为工业发展的土地资源十分有限，建设用地规模偏小，无法满足大规模劳动密集型产业发展的需求，传统工业发展受限。节能减排刚性指标压力趋重，原本较低的单位能耗和污染物排放指标基数造成安吉县下降空间受限，实现"十三五"时期万元工业增加值能耗下降10%的刚性任务困难较重。同时，许多企业主导创新发展、转型升级、集约型发展的意识还不够强烈，全社会创新意识尚未真正形成，这些问题都严重制约了安吉县工业的快速健康可持续发展。

四　资源转化通道不畅

湖州市缺少综合性科学中心和科技产业创新中心，一流创新生态体系尚未形成；安吉县"梅溪—高禹良朋—城北阳光—塘浦康山—孝丰"工业经济发展带初步形成，土地、资金、政策等要素资源得到有效集聚；但现有政策资源利用效率低、政策可操作性有待提高，导致要素之间的化学反应关系还未建立，各要素之间的对流通道还有待疏通，特别是生态资源优势没有转化成经济优势，生态资源优势转化的通道有限，未能为工业产业赋能增值，反而制约着安吉县产业能力的提升。

◇ 第五节　安吉县 15 周年工业绿色发展典型样本

一　安吉护童科技有限公司：坚持"亩均效益"导向，努力建设行业领军企业

安吉护童科技有限公司，是一家集研发、制造、推广、品牌营销于一体的创新型科技公司，于 2008 年在国内率先推出易升降可倾斜多功能健康儿童学习桌，现有资产超 3.5 亿元，占地 20 余亩，员工 800 余人，2019 年销售额达到 6 亿元。经过 11 年的发展，护童建立了现代化智能生产基地和符合 NAS 标准的质量检测实验室，成为国家高新技术企业。一是强化技术引领。公司始终坚持创新是第一发展动力，大力推动技术创新，引领行业技术发展，向全面创新要"亩均"，公司获得了国家高新技术企业、湖州市高新技术企业

研究开发中心、湖州制造业市级企业技术中心、湖州市专利示范企业等称号。公司充分发挥企业技术研发中心优势，构建工业设计、产品开发、技术研究三位一体的创新型研发平台，研发投入持续加大，公司近三年研发费用 2200 多万元，年研发占比在 4% 左右（2016、2017、2018 年分别为 4.81%、3.94%、4.35%）。二是强化智能智造。公司抢抓湖州全面推进建设"中国制造 2025"试点示范城市难得机遇，高度重视信息技术的持续迭代更新、跨界技术的广泛应用，大力开展信息化、智能化研究开发，着力推动儿童健康学习装备的蓬勃发展。三是强化品牌塑造。公司一直坚持品牌领先战略，从品牌注册、创意策划、宣传推广等品牌塑造环节，公司做出了大量卓有成效的工作。公司重视品牌建设，行业教育达到一定水平，儿童学习桌椅成为 80、90 后家长为孩子选购的"必备品"，品牌知名度、影响力、美誉度遥遥领先。

二 浙江中力机械有限公司：搬运绿色，提升未来

浙江中力机械有限公司是一家国家级高新技术企业，公司位于安吉县霞泉村，拥有博士后工作站及电动叉车省级研究院，公司成立于 2007 年，注册资本 1000 万美元，占地约 200 亩，主要生产物流搬运设备整机及机械零部件。公司现有员工 837 人，其中，大专以上学历 272 人，占公司总人数的 32.5%。一是突出绿色发展理念引领。公司把"搬运绿色，提升未来"作为自己的经营理念和价值追求，以解决用户、市场、行业的搬运痛点为愿景，以智能化、数字化、绿色化为依托，大力推进绿色搬运、智能搬运、数字搬运的研究投入，构建"智能、数字、绿色"的现代化制造体系，助力行业更快、更好地发展。湖州市经济和信息

化局发布了 2020 年度湖州市第一批四星级绿色工厂名单，中力荣誉上榜，被评为湖州市四星级绿色工厂。二是突出科技创新驱动首位。公司持续主动技术创新，不断根据市场需要推出新产品。公司自主研发的"小金刚"及"WPL201"产品获得了国际机械设计产品的最高奖——"德国红点"奖及"IF"奖。每年公司投入大量研发资金，促进产品更新换代。目前开发了 30 大类 280 个产品，取得国家发明专利 28 项，实用新型及外观设计专利 200余项。

三　浙江路得坦摩汽车部件股份有限公司：打造植物园似的工厂环境

路得坦摩公司主要产品为减震器，致力成为全球减震器领先制造商，目前是中国规模最大、品种最齐全的汽车减震器生产厂家之一，已成功开发出减震器、动力缸、阻尼器等三大系列两千多种规格的产品，年生产能力为 500 万支（套）。2007 年 12 月入驻安吉经济开发区，占地面积 80 余亩，公司注册资本 6346 万元，并通过国际质量管理体系，环境质量体系，职业健康管理体系的认证。公司已成功挂牌新三板。公司业务占比：主机生产占 70%，售后占 30%，出口业务占70%，国内业务占 30%。一是注重循环利用。公司实现零排放，水自己处理，处理完了再循环利用。二是注重绿色生产。公司有很详细的化学品安全技术说明书，实行安全生产、标准生产、绿色生产，一直注重节能减排。三是注重绿色环境。公司打造植物园似的工厂环境，认为绿色工厂，厂区内的环境也应该是绿色的，被植被覆盖，环境很好，有利于员工的身心健康。

四　中源家居股份有限公司：从贴牌生产到自主设计生产再到自主品牌生产转变

受益于改革开放和安吉县的生态优势，2001年，中源家居成立，主要从事竹制品的研发销售。2008年，看到未来家居消费市场的巨大潜力，中源家居开启战略转型之路。专业从事功能性沙发的设计、生产和销售，市场遍及亚非、欧洲、美洲，为全球数百万家庭提供优质的产品和服务。"十年磨一剑"，2018年2月8日，公司在主板挂牌上市。公司先后获得"国家绿色工厂""国家知识产权优势企业""长三角G60科创走廊工业互联网标杆工厂""浙江省著名商标""浙江省第一批上云标杆企业""浙江名牌产品"等荣誉称号。一是坚持绿色发展。2018年成为国家级绿色工厂，是安吉县首批3个国家级绿色工厂中的1个，成效最主要的是环保节能这一块，节电和管理规范，产品质量较好，同时推进机器换人，布料、木板裁剪用电脑自动化，减少了很多人工。二是坚持创新发展。公司始终坚持"专业沙发制造商"定位不动摇，在做精主业的基础上，向板式家具、寝具、智能家居等业务板块辐射，向内销市场拓展。推进新零售战略，加强自有品牌和渠道建设；实施数字化转型战略，加快智能制造步伐，总占地面积727亩，对标德国工业4.0的未来工厂于2020年启动建设，致力于打造全球家居智能制造"样板工厂"。中源家居围绕2025年100亿目标，加快从OEM贴牌生产到ODM自主设计生产，再到OBM自主品牌生产转变，向价值链的中高端攀升。

◇◇ 第六节　深入推动安吉工业绿色发展建议

一　构建生态为核心的现代产业体系

一是大力引用先进的技术，使安吉传统产业逐步向低能耗、低排放、高效益的方向转型发展，促进工业化和信息化的融合发展，形成新的产业发展体系，加快产业向价值链中高端化方向发展。二是加快产能落后的工业企业的淘汰，提高中小型企业在工业绿色转型发展过程中的积极性。三是加大对新兴战略性产业的扶持力度，结合现有的新兴战略性产业发展的现状以及特点，完善产业发展的相关政策，促进工业绿色转型发展，充分吸收国内及国外的成功经验，扩大高新技术产业的发展规模，推动工业产业的智能化、高端化发展。

二　聚力推动安吉竹木产业实现跨越发展

一是加快竹木产业转型提升，培育创新发展新动能。推进竹加工制造业供给侧结构性改革，坚持绿色低碳发展，强化驱动创新，增强发展内生动力，推动竹加工产业迈向产业链中高端。坚持集聚发展、特色发展、创新发展，全力打造国家安吉竹产业高新技术、绿色低碳、循环经济的示范园区，并成为国内竹加工产业集聚程度最高、规模最大，集研发、生产、交易为一体的产业创业平台，着力提高竹产业区域竞争力。二是推动三产融合发展，打造休闲养生新业态。充分发挥安吉区位优势和竹海景观效果，把全县作为一个竹海大景区来规划打造，把中国美丽乡村建设作为发展竹林旅游的大平台，通过挖掘竹子生产、科普、文化、碳汇等特色优势，形成竹林观光旅游向养生、度假、体验、康养等新产品、新业态转型，不断推进森林旅游向全域化、特色化和品质化发展，高质量推动竹产业一、二、三产业融合，实现生态优势价值最大化。三是强化创新能力提升，加强自主品牌建设。强化竹产品创新，积极扶持企业建立企业技术中心、研发中心等；对企业先进设备、研发新产品、参与行业标准制定、推行企业精细化管理创新、理念创新的均给予奖励。政企联动构筑安吉竹系列产品区域品牌，让安吉竹产业区域品牌有所突破，通过集体商标的运作，提高整体竞争力。要力争在竹产品国际市场提档升级，不能仅仅停留在贴牌，要有自主品牌，要走差异化发展品牌差异。

三 加快建设一个绿色、节能、清洁的制造体系

一是支持引导监督企业进行绿色生产和绿色消费。一方面完善用能权、碳排放权、排污权、水权交易以及差别要素价格制度，激发企业绿色发展的主动性和积极性。另一方面是"升级"强化环境执法，探索环保局、公安局、法院合作模式，加大对污染环境、侵占资源、破坏生态等违法行为查处力度，大幅提高违法成本。二是推进资源高效循环利用。一方面推进资源再生利用产业规范化、规模化发展，强化技术装备支撑，提高大宗工业固体废弃物、废旧金属、废弃电器电子产品等综合利用水平。另一方面推进用水技改和循环利用。引导工业企业开展用水综合利用，加强节水技术改造和废水循环利用。鼓励企业废水深度处理回用，促进再生水利用，引导符合条件的工业园区开展再生水利用试点。

四 构建高度集中集约的绿色工业园区

一是以土地集约节约利用和空间优化发展为原则，充分发挥土地资本作用，坚持走集中集群集约式发展道路，创新园区开发建设模式，筑巢引凤，杜绝出现工业区和生活区混乱现象，牢固树立工业园区建设是"集中治理"而非"集中污染"的理念，建设人文生态和环境生态相融合的新型绿色工业园区。二是要立足于本地资源禀赋，基于产业发展基础、发展特色及发展潜力，结合未来工业发展趋势，合理布局园区产业结构，通过新产品、新技术及新模式推动产业发展，努力培育新的经济增长点，分层推进重点产业梯次发展，在发展过程中进一步优化产业结构，促进园区产业稳定健康有序发展。

五 健全绿色转型发展政策保障

工业绿色转型发展不仅需要工业企业的大力配合，还需要政府、政策的大力支持保障。加大对工业企业的财政资金支持，通过资金补贴等方式，鼓励更多的企业投身于安吉工业绿色转型的发展。一是健全绿色转型发展的技术政策保障。政府通过与其他工业绿色转型发展走在前面的工业企业沟通，鼓励引进先进的技术，构建技术交流平台，引领安吉工业绿色转型发展。二是健全人才引进机制。大力引进科研高端人才，不仅做好引进来工作，还要做好留下来工作。建立人才激励政策，通过对工资的提升、就业环境的改善，吸引更多的科研高端人才加入到安吉的工业绿色转型发展进程中。三是健全工业绿色转型发展的就业保障政策。不断完善相关就业保障配套措施，减少甚至消除后顾之忧，激发各类人员特别是高技术人才的工作积极性，大力稳步促进安吉工业绿色转型发展。

六 加强标准化推进工业绿色发展

以建设"中国制造2025"试点示范城市契机，大力推动工业绿色发展。一是优化和完善工业节能与绿色领域标准体系设计。整合节能与绿色标准体系，在工业节能、节水、清洁生产、资源综合利用、数据中心等基础领域及绿色制造综合领域建立和完善分标准体系。二是大力实施绿色化技术改造。推广应用以节能、节水、节材为重点绿色制造先进技术、先进工艺、先进装备。持续推进绿色工厂标准建设，以标准体系为引领，全面开展规模以上企业绿色工厂全覆盖工作。三是推动搭建绿色制造大数据信息平台。建立绿色制造数据收集和交互机制，实施全行业绿色制造水平动态监管，夯实工业绿色发展基础数据库。

参考文献

［1］史丹：《中国工业绿色发展的理论与实践——兼论十九大深化绿色发展的政策选择》，《当代财经》，2018年。

［2］史丹：《中国工业绿色发展与低碳工业化》，《中国经贸导刊》2018年第3期。

［3］李博洋：《推进工业绿色发展促进"无废城市"建设》，《世界环境》2019年第2期。

［4］张永凯、崔佳新：《山东省城市工业绿色发展水平评价》，《兰州财经大学学报》，2019年。

［5］倪颖：《长江经济带工业绿色发展水平评价及影响因素研究》，2020年。

［6］余佶：《生态文明视域下中国经济绿色发展路径研究——基

于浙江安吉案例》,《理论导刊》2015 年第 11 期。

　　[7] 王群、唐志平:《践行"两山理念"安吉经济绿色发展谱新篇》,《中国乡镇企业会计》2019 年第 6 期。

　　[8] 苏卫哲、王洪波、谢正飞等:《生态优先绿色发展美丽乡村建设的生动实践——基于浙江安吉、平湖的调研报告》,《江苏农村经济》,2017 年。

第 四 章

安吉生态治理 15 年

"绿水青山就是金山银山"理念已经成为全党全社会的共识和行动指南，成为习近平新时代中国特色社会主义发展理念的重要组成部分。实践证明，生态本身就是经济，保护生态就是发展生产力。在"绿水青山就是金山银山"理念提出 15 周年之际，习近平总书记再次来到安吉余村，再次强调"绿水青山就是金山银山"理念，这既是对安吉生态环境治理的鼓励，更是对进一步生态文明建设的鞭策。在全面推进国家治理体系和治理能力现代化的新时代，生态治理成为国家治理最为重要的一部分。安吉是中国的安吉；在湖州看见美丽中国，湖州最美的地方在安吉。在浙江省正在作为充分展示中国特色社会主义制度优越性重要窗口的当前，在生态文明建设方面，安吉作出了最大贡献。15 年来，安吉县积极践行"绿水青山就是金山银山"理念，落实生态政策。通过转变观念、完善制度、改变行为、落实行动、强化合作、鼓励创新，因地制宜走出一条最具代表性和典型性、最具特色的生态治理现代化之路，为安吉引领全国生态治理现代化实践，打下了坚实基础。

◇ 第一节　安吉生态治理基本脉络

中国的生态文明建设注定要与安吉连在一起。安吉生态治理 15

年走过的路，就是历尽艰辛、推进生态文明建设并不断走向成功之路。中共十八大提出生态文明建设，提出建设美丽中国，其思想根源就在湖州安吉。安吉是美丽乡村建设的先行者，是全国首批生态文明建设样板地，是中国 2012 年"联合国人居奖"的唯一获得者。它是中国首个生态县、全国文明县城、国家可持续发展实验区、全国首批休闲农业与乡村旅游示范县。它还是"中国第一竹乡""中国白茶之乡""中国竹地板之都"。

不得不承认，安吉曾经的发展模式导致了严重问题。20 世纪七八十年代，为摘掉"贫困县"的帽子，县委、县政府带领人民走"工业强县"之路。一心致富的安吉人，砍竹造纸、下河采砂、大兴工业，一时间化工、建材、印染等企业相继崛起，"村村点火、户户冒烟"，安吉一举摘掉了"贫困县"的帽子。安吉经济虽然取得了一定的成绩，但付出的代价却是惨重的。林木、矿产等资源的过度开采带来水土严重流失，工业废水直接排放造成水质严重污染，生态环境严重恶化。竹林飞沙走石，河水成了白泥浆，居民深受影响，到处都是灰头土脸。比如，被称为太湖流域生命之源的西苕溪，水质遭到严重破坏，影响了环太湖流域人们的日常生活，安吉甚至一时被国务院列为太湖水污染治理重点区域，安吉县政府也受到"黄牌"警告。

污染带来的行政压力以及民众对健康美好生活的期许，成为安吉最初关停造纸厂以及采矿企业的原动力。20 世纪末长江流域几次特大洪水灾害等环境事件，更是激起人们对传统发展方式的反思。党中央相继提出可持续发展战略和科学发展观，中国科学院《中国可持续发展战略报告》（1999 年）也表明，依靠高强度开采和高资源消耗，无法实现经济可持续发展。牺牲绿水青山换取金山银山的结果是生态系统被严重破坏，而百姓并未得到想要的幸福生活。人们也已经意识到，走先污染、后治理，先强县、再富民的路子，对于拥有太湖和黄浦江源，地处山区、半山区，七山一水两分田的安吉而言，基本是死路一条。

1998年至2001年，安吉县痛下决心，强化环境保护，突出环境治理。比如，关闭了占县财政收入1/3左右的孝丰造纸厂等多家污染企业，建设生态公益林，开展西苕溪流域治理等。与之同时出现的是，在湖州县区经济排序中，安吉一度退至倒数第一，又一次拉开了与周边县区的差距。这种状况下提出生态治理和环境保护政策，显然很难得到村民的积极支持，甚至会遭到大多数民众的坚决反对。一心要带领村民走出一条发展新路的人们，一时间陷入了迷惑，不知路在何方。是继续关停矿山保护生态，还是硬着头皮继续发展"石头经济"？如果关闭矿山，那么经济如何发展？富民强县的路到底该怎么走？难道留住绿水青山就要放弃金山银山？安吉很多村子都面临着同样的困惑。于是安吉试图探索以最小资源环境代价谋求经济、社会最大限度的发展之路。2001年1月17日，县委、县政府作出了决定安吉未来发展的重大决策，即《关于"生态立县——生态经济强县"的实施意见》，确立因地制宜、扬长避短、错位发展，走有安吉特色的发展路子。充分发挥安吉资源优势、产业优势和区位优势，"大力扶持发展生态工业""加快发展生态农业""着力培育生态旅游业""加快建设生态城镇"。基于此，安吉县人大做出《关于生态县建设的决定》，并批准《安吉生态县建设规划》，这标志着安吉生态立县战略自此进入实施阶段。

2003年4月9日，即习近平同志担任浙江省委书记大约半年后，到安吉调研时提出，"只有依托丰富的竹子资源和良好的生态环境，变自然资源为经济资源，变环境优势为经济优势，走经济生态化之路，安吉经济的发展才有出路。"2005 年 8 月 15 日，习近平同志来到安吉余村，对安吉的生态建设给予了高度肯定，并首次提出"绿水青山就是金山银山"重要理念。习近平指出，"从安吉的名字，我想到了人与自然的和谐、人与人的和谐、人与经济发展的和谐"。本来他这一次去安吉调研的主题是民主法治建设，没想到首先讲的是生态和环保。听说余村人决心关停矿山和水泥厂，探索绿色发展之路，他认为这一选择是"高明之举"。习近平的肯定和赞美，坚定了余村乃至安吉人开展生态治理、建设美丽安吉的信心。安吉的基层干部也坚信，这在根本上是有益于人民，合乎马克思主义发展思想的，是中国共产党人坚持人民至上、以人民为中心的发展逻辑所致。在习近平同志的关心、重视和指导下，安吉于 2006 年 6 月成功创建全国第一个生态县，并时刻牢记习近平总书记嘱托，抓住自身生态资源丰富、生态环境优美的优势，坚定不移打生态牌，走生态发展之路，坚定不移实施"生态立县"战略。2006 年 12 月，安吉县第十二次党代会明确了"坚持生态立县，突出工业强县，加快开放兴县"的工作方针，提出了全力打造"一地四区"新目标，即把安吉打造成为长三角先进特色制造业集聚区、新农村建设示范区、休闲经济的先行区、山区新型城市化的样板区，以及创业、人居的优选地。

2008 年 1 月 15 日安吉县第十四届人民代表大会第二次会议认真审议了安吉县人民政府向大会提交的《关于建设"中国美丽乡村"的议案》，并最终得以通过。2008 年 5 月 4 日，安吉县新农村建设示范区工作领导小组印发《安吉县建设"中国美丽乡村"考核指标与验收办法（试行）》，开启了以"两山"理念为指引，全面实施以建设"中国美丽乡村"为载体的生态文明建设伟大征程。以"尊重自然美、侧重现代美、注重个性美、构建整体美"为主要原则，围绕

"村村优美、家家创业、处处和谐、人人幸福"的目标，实施环境提升、产业提升、服务提升、素质提升"四大工程"，从规划、建设、管理、经营四方面持续推进美丽乡村建设，创新体制机制，激发建设内在动力，全面开展"中国美丽乡村"建设，打造长三角新农村建设示范区，走出一条美丽乡村建设和生态文明建设、生态与经济、农村与城市、农民与市民、农业与非农产业互促共进的可持续发展之路。

2010年6月28日，安吉县新农村建设示范区工作领导小组印发《安吉县经营乡村行动计划（2010—2012）》并发出通知，表示要通过"一环四带六区"经营布局，遵照统分结合、分步实施、特色经营、重点突破为原则，通过三年努力，以争创中国首个县域AAAA级大景区为龙头，全力打造中国乡村旅游目的地、中国人居环境样板区、中国休闲农业示范区、中国农村综合改革先行区，创新实践一产"接二连三""跨二进三"经营发展模式，增强村级经济发展实力，加快农民增收步伐，在全国树立产业联动、城乡融合的典范。显然这时候，安吉县生态治理的目标，已经从长三角示范区上升为中国示范区。

2012年4月23日，安吉县新农村示范区建设工作领导小组再次出台文件，即《安吉县推进美丽乡村建设提升扩面工作考核验收办法》，指出要结合实际有序开展美丽乡村建设提升扩面工作，从四个方面、结合36项指标和百分制实行全面考核，并在后期不断巩固完善提升要求，有计划提升扩面。要求列入提升扩面的村要在原有创建的基础上，继续做好村庄环境整治、生活污水处理、公共服务设施建设等工作，拓展长效管理覆盖面，全面提升农村居住环境，促使各项基础设施和公共服务等有计划地向未覆盖到的规划保留自然村延伸。

2013 年 7 月 18 日，安吉县新农村示范区建设工作领导小组又出台《安吉县建设"中国美丽乡村"精品示范村考核验收暂行办法》，高标杆设定"中国美丽乡村"精品示范村的建设内容及考核标准，在更高要求上促进建设更高品位的"中国美丽乡村"，以使安吉县新农村建设水平能够继续引领全省，走在全国前列。"中国美丽乡村"精品示范村创建围绕"环境优美如画，产业特色鲜明，集体经济富强，文化魅力彰显，社会管理创新，百姓生活幸福"六方面的建设内容，按"村村优美、家家创业、处处和谐、人人幸福"四大类设置 45 项硬性考核指标，总计 1000 分。考核设置附加分，一是创建期内每获得一个部级以上先进加 5 分，最多加 10 分；二是创建工作有显著特色的，可酌情加分，最多加 5 分。"中国美丽乡村"精品示范村创建期为 2 年至 3 年，巩固期为 2 年。2013 年为首批创建村始创年，2014 年开始考核验收并奖励，2015 年原则上为首批创建村考核验收截至年。近几年来，安吉继续强化美丽乡村建设全覆盖，截至 2020 年 7 月，安吉县共创建精品示范村 55 个，精品村 122 个，其他重点村 10 个。

15 年来，安吉走出了一条新时代生态治理和美丽乡村建设的成功之路，形成了备受世人瞩目的"安吉经验"，每年来自全国各地的基层领导干部和研究者到余村、来安吉调研、考察，络绎不绝。2020年 3 月 30 日，习近平总书记再访安吉，这是一次特殊时期的考察。不过，和 15 年前那次调研异曲同工的是，习近平总书记此次安吉之行关注的仍然是人与自然的和谐、人与人的和谐、人与经济发展的和谐。总书记的再访，是对安吉、对湖州、甚至对整个浙江省生态文明建设以及践行"绿水青山就是金山银山"理念成果的最大肯定。

◇第二节　安吉生态治理的阶段特征

安吉生态立县的重要节点，出现在 21 世纪之前大污染、大采矿背景之下。1998 年，安吉在国务院开启的太湖治污"零点行动"中收到"黄牌警告"，一些安吉人开始意识到，这样下去走的不是出路，而是死路。县委、县政府随即进行了广泛的调研与思考，甚至还对德国等欧洲国家的经济发展方式进行了深入考察，深受触动。在痛定思痛后，2001 年安吉县委、县政府作出决策，安吉人民代表大会作出决定，确定了生态立县的大方向，决心改变先破坏后修复的传统发展模式，开始探索和实践新的发展方式，并全面进行村庄环境整治。通过几年的努力，安吉的生态环境有了极大改善，但经济发展速度却明显落后于周边地区，再次成为浙江贫困县和欠发达县之一，部分干部群众对于保护环境还是发展经济产生了疑惑与争论。

2003 年，时任浙江省委书记习近平第一次来安吉，就给出了安吉发展不一样的思路。当听到安吉实施"生态立县"战略时，他指出"对安吉来说，'生态立县'是找到了一条正确的发展道路"。他认为，应当把抓特色产业发展和生态建设有机结合起来，在生态县建设过程中获得最佳经济社会效益。习近平同志的建议，增强了关停矿山、淘汰重污染企业，鼓励发展休闲旅游的信心，坚定了安吉全新生态立县的发展思路。2005 年 8 月 15 日，作为浙江省委书记的习近平同志第二次调研安吉，当听说余村通过民主决策关停了污染环境的矿山，停掉了水泥厂，并下决心转变发展方式之后，对安吉的做法给予高度肯定。他鼓励说："不要迷恋过去的发展模式，关停矿山是高明之举。不要以环境为代价去推动经济增长，这样的经济增长不是发展。我们过去讲，既要金山银山，又要绿水青山，其实，绿水青山就是金山银山。"习近平总书记的两次调研讲话和一系列论述，给安吉走"生态立县"的道路，指明了前进的方向。安吉县政府就像吃了一颗定心丸，当地民众也深受影响。在此后的几年里，当地政府坚持绿水青山的生态发展之路，不停地影响社会组织和企业的思想认识，引导民众行为改变，鼓励不断实现治理创新，走出了一条成功的生态治理之路。

安吉于 2006 年 6 月成功创建全国第一个生态县，2016 年安吉县荣获全国首批生态文明建设奖，这些既离不开习近平同志的重视、关心和指导，也离不开安吉全县干部群众齐心协力的奋斗。安吉县始终引领浙江全省生态（县）建设，到 2018 年为止，浙江省已经成功创建 39 个国家生态县和湖州、杭州两个国家生态市，数量位居全国前列。15 年来，安吉县、湖州市，乃至整个浙江省，深入践行习近平"绿水青山就是金山银山"理念，始终坚持走"绿水青山就是金山银山"发展之路。顺势而为，乘胜前进，脚踏实地，安吉的生态文明建设，走出了一条既具时代特征又有安吉特色的发展路子，积累了生态文明建设的有益经验，创造了环境优美、经济繁荣、发展协调、社会和谐等诸多成果，形成了特色鲜明、鲜活生动的生态文明建设的"安吉模式"。

值得注意的是，安吉生态治理，首先表现在安吉全县的环境改善，这是以农村环境改善为主体实现的。习近平同志第一次到访安吉之后，安吉全面开启的农村环境整治和治理，可以分为三个阶段。从 2003 年到 2008 年，是安吉全县 187 个村的环境整治时期，全面实行"五改一化"方针，即改路、改线、改房、改水、改厕（露天粪坑一票否决），以及环境美化工程，解决了老百姓基本生活环境问题。2008年到2012年，是安吉县美丽乡村创建时期。"中国美丽乡村"的建设方针是：以政府为引导，以农民为主体，以资源为基础，以生态为特色，以产业为核心，这是安吉县党政领导对新型工业化、新型城镇化和新农村建设互促共建规律的全面把握。2013年至今的这一阶段，安吉县更是加快了生态文明建设，实现美丽乡村建设的全覆盖，提升精品村质量和水平，高层次打造精品示范村。

2008年5月4日，安吉县新农村建设示范区工作领导小组印发《安吉县建设"中国美丽乡村"考核指标与验收办法（试行）》。通过建设美丽乡村，安吉走出了一条互促共进的发展道路，积累了包括坚持"绿水青山就是金山银山"的发展理念、以人民为中心、标准化建设、全域化推进、坚持"一届接着一届干"等宝贵经验，为其他类似资源禀赋地区实现跨越式发展提供了经验借鉴，成为中国美丽乡村建设的成功样板。2009年7月22日，《光明日报》头版头条以《安吉的"中国美丽乡村"建设》为题，以"生态立县的安吉发展之路""中国美丽乡村建设""中国新农村建设的样本"为段落标题，生动翔实、全面深入地展现了安吉建设"中国美丽乡村"的历程，介绍了"中国新农村建设的安吉样本"的丰富内涵、有益尝试和创新做法。

从美丽乡村到全面推进精品村建设，深受老百姓欢迎和支持。安吉县全面发挥指挥棒效应，根据制度指引，形成长效机制，防止效果反弹。农村的执政环境、服务设施，都有根本性提升，公共服务也有质的改观，提升城乡建设水平，落实中央和上级政府的政策要求，整个城乡发生翻天覆地的变化。安吉生态立县和美丽乡村建设相得益彰，相互促进，安吉生态经济的可持续发展因此也就主要围绕休闲经济、乡村经济和美丽经济三个主要方面发展。安吉"中国美丽乡村"

建设模式正式成为国家标准和省级示范，获得"中国美丽乡村"国家级标准化示范县称号，并已上升为全省战略，成为浙江新农村建设品牌和载体。安吉的"中国美丽乡村"建设更是引起了全省乃至全国进一步关注。从安吉始发的"中国美丽乡村"建设，成为落实科学发展观、缩小城乡差距、实现城乡一体化的民心工程。"中国美丽乡村"建设自然也成为新农村协调发展中的典型，成为新农村建设生动实践的结合体。

从精品村到精品示范村建设的过程，实际上是安吉打造全省甚至全国生态文明建设的标杆的过程，其发展的经验逐渐成为可复制、可借鉴的浙江样本和中国美丽乡村建设的窗口。迄今为止，安吉县 187 个建制村中，已经建成精品示范村 55 个、精品村 122 个、其他重点建设村 10 个。已建成省市生态文明教育基地 3 个，成功创建国家级生态乡镇 13 个、国家级生态村 1 个、省市级生态村 156 个，3 个乡镇入选国家级生态乡镇典型案例。中南百草园、安吉生态博物馆等获批"全国中小学环境教育社会实践基地"，涌现一批省市级绿色学校、社区和企业，评选产生 35767 户美丽家庭。安吉县相继荣获全国文明县城、国家园林县城、省级示范文明县城和省级森林城市。成功建成中国最大、功能最全的包括 36 个乡村展示馆在内的生态博物馆，初步呈现出"一村一韵""一村一景"的地域生态文化景观群①。

现代经济社会的发展，对生态环境的依赖度越来越高。生态环境越好，对生产要素的吸引力、集聚力就越强。安吉全面实现了思想观念大转变，干部群众信心满满，干劲十足。安吉人知道，生态治理与

---

①　数据来源：安吉县生态文明办提供的文件资料《持续推进生态文明建设全力打造践行"两山"理念实践"样板地、模范生"》，以及 2020 年 7 月 10 日，本课题组成员与安吉县相关部门人员的座谈信息。

经济发展，要注重打开转化通道，真正将"绿水青山"转化为"金山银山"。如果经济发展不可持续，纯粹为了生态，忽视金山银山，也是不现实的。正如习近平总书记指出的，既要绿水青山，又要金山银山。生态治理深入每个村落，关涉每位居民。"生态兴则文明兴，生态衰则文明衰。"绿水青山不一定自然而然就是金山银山，在求证两者辩证关系的过程中，应该始终秉持生态优先战略，将绿色作为发展导向，深入做好"绿水青山就是金山银山"转化文章，实现可持续发展。安吉发挥良好的生态环境和区位交通优势，打造宜居、宜业、宜游城市，吸引了一批优秀人士来此投资兴业，新引育"千人计划"10人，入选"南太湖精英计划"54人，新增国家高新技术企业37家，省级高新技术企业研发中心13家。JW万豪、君澜、阿丽拉等品牌酒店在安吉相继营业。安吉各乡村、乡镇也凭借良好的生态环境招引优秀企业和人才入驻，比如凯蒂猫家园、欢乐风暴、竹博园景区东扩等重大休闲项目建成运营，总投资100亿元的格力智能制造产业园、75亿元的云泰大数据中心、60亿元的中国安吉白茶小镇综合体等一批重大项目相继签约。安吉县内作为乡村经营示范区试点的达到25处之多①。

生态立县战略的持续实施以及对美丽乡村建设的坚持，已经显示出绿水青山本身就是金山银山的明显优势，安吉的经济形势开始扭转，实力大增。在美丽乡村建设实施第一个五年后的2013年，安吉实现地区生产总值270亿元，翻了一番多，财政收入42.39亿元，增长了2倍多，其中地方财政收入24.7亿元，城镇居民可支配收入和农民人均纯收入分别达35280元和17580元，连年超过全省平均水

---

① 数据来源：安吉县政府职能部门相关统计数据。

平，安吉成功实现了产业和生态的互促共进。到 2018 年，安吉县全
年实现地区生产总值 404.32 亿元，完成财政总收入 80.08 亿元，其
中地方财政收入 46.92 亿元，城乡居民可支配收入分别达到 52617 元
和 30541 元。安吉 2020 年两会期间的政府工作报告显示，安吉县
2019 年完成地区生产总值达到 469.6 亿元，增长 7.8%；完成财政总
收入 90.09 亿元，增长 12.5%，其中地方财政收入 53.6 亿元，增长
14.2%，增幅全市第一；城乡居民人均可支配收入分别达到 56954
元、33488 元，分别增长 8.2%、9.6%。① 在全面进行美丽乡村建设
和生态治理之后，安吉以产业转型带动生态经济，带动乡村旅游，农
村居民受益匪浅。安吉县把生态村建设与小康示范村创建等有机结合
起来，总体规划、重点突破、整体推进，缩小了城乡差别，促进了城
乡统筹。全县城乡收入差距不断缩小，收入比由 2018 年的 1.72：1
缩小到 2019 年的 1.70：1，山区农民的收入甚至高于平原地区的农
民。② 城镇居民与农民户口已不再存在巨大的差异，一些经济活跃乡
村的农村户口已经成为让城里人羡慕的身份。

　　新时期安吉生态文明建设与生态治理，更在于引领和保持，不断
强化基层干部领导能力、执政能力和治理能力，不断改善服务能力和
配套设施，不断拓展干部群众创新、创业意识。比如增加漫步道等生
态旅游相关项目，增加与生态相关的多样化业态；盘活农村资源，使
原本低效使用或者闲置的资产，尽可能最大化激活，比如废弃的厂房
改造成民宿或文化礼堂，或体现生态绿色特点的办公写字楼，或休闲

---

　　① 数据来源：安吉县 2013 年、2018 年、2020 年政府工作报告。
　　② 国家统计局安吉调查队：安吉县 2019 年城乡居民人均可支配收入情况简析，参
见网站：http：//www.zjso.gov.cn/huz/zwgk_441/xxgkml/xxfx/dcfx/qxfx/202003/t20200319_
96561.shtml。

旅游的景观。还有，很多乡村引进教育实体，发展中小学拓展基地。合作共建促改善、合作共赢促增收，引进各种创意，发展乡村经济是基准。安吉县很多乡镇已经表示，将引进工商资本与充分利用集体经济相结合，将外包项目乡村经营与集体经济促集体经济相结合，为美丽乡村建设有效提供资金支持，全面推进乡村振兴。

◇ 第三节　生态治理的安吉实践

15年来，安吉县在"绿水青山就是金山银山"理念的指导下，始终坚持生态立县总战略，强化生态治理，不断实现生态环境优化升级。安吉县"绿水青山就是金山银山"理念15年践行，体现在方方面面，从宏观调控到微观治理；从源头预防到过程控制；从全面推进大气、水、土壤等的污染防治，到农业农村环境改善；从全面加强生态系统修复，到深化环保领域改革；从全面建构生态文化到全面发展绿色经济，实实在在围绕生态环境保护、美丽乡村建设开展工作，不留死角，不留短板，全方位建成一个最美生态安吉。

一　重视宏观调控和源头预防

安吉始终践行"绿水青山就是金山银山"理念，谋求经济发展与生态环境之间和谐发展。从新世纪开始，安吉就从宏观上做出规划，从战略上做出安排，对全县进行生态功能分区，即发展、保护和生活区。比如工业平台主要集中在发展区，改变了"村村办工业、村村冒烟"的传统做法。各种资源项目集中于各平台，更有益于集中资源办大事，发挥集约化效应。从确立生态立县战略那一天起，安吉就坚定信念，发挥生态优势，谋划布局合理、优势突出、市场广阔的生态产业新格局。"生态立县"战略让安吉的区位优势、资源优势、产业优势、人文优势得到充分显现，通过保护生态环境，创造了新的发展机遇。

自从全面开展环境治理和美丽乡村建设开始，安吉县更是强化源头治理，坚决防止污染扩大，按照"全域大花园"建设思路，构筑生态功能保障基线、生态规划红线、环境质量安全底线、自然资源利用上线，全方位、全地域、全过程实行最严格的生态保护建设制度，从源头上维护生态安全。比如孝丰镇横溪坞村，在"垃圾革命"的道路上不断前行，从 2003 年整治村庄环境的"垃圾袋装化"，到 2014 年培育美丽乡村的"垃圾分类"，村里把垃圾分类相关规定直接变成村规民约的重要组成部分。"念念不忘必有回响，坚持不懈定有收获"，为了促进环境治理和垃圾分类，村里成立村环保组织，充分调动村民参与环境治理热情。2018 年 7 月 11 日，横溪坞村召开全体村民动员大会，吹响"垃圾不出村"冲锋号，村民反响热烈、全力支持。村干部带领 16 名"妇帮户"志愿者花费整整两个月时间学习垃圾分类知识，然后走村入户手把手教学。全村实现垃圾再利用，甚至开发将厨余垃圾变成沼气的技术，从源头预防垃圾扩散。如今，从餐桌到生活的每个角落，除了塑料袋、包装纸、尿不湿等不可降解的垃圾以外，超过 90% 的生活垃圾都实现了自我消化。为了保持横溪坞全村的环境卫生，2019 年 7 月横溪坞村又投入 80 多万元，开展垃圾不出村创建工作，要求村民从源头进行精准分类、垃圾减量。如今，全村日产垃圾量已由过去 1 吨减少到现在 100 公斤，整个环境得到极大的改善，苍蝇蚊子看不见了，横溪坞村用长达 15 年的"垃圾革命"翻开了如今美好生活的新篇章①。

再比如，孝丰镇潴口溪村积极响应县委、县政府开展垃圾分类的工作号召，在全域推进垃圾分类和实现垃圾不落地的基础上，大力开展垃圾精准分类工作，实行垃圾源头再减量。全村举办垃圾精准分类培训班 2 期，培育示范户 50 户，购置精准分类垃圾桶 150 个，垃圾收集量从原来的 2.5 吨/天，减少到 1.0 吨/天，年减垃圾量 550 吨。②还比如，安吉县天子湖镇南北湖村南北湖湿地公园，在剿劣工作中，源头首抓，做到标本兼治。首抓清淤治源头，为配合生态湿地公园的建设，2015 年投入 100 多万元对北湖进行了全面清淤，打通南干渠从天子岗水库引水进入北湖，从而，从一定程度上改善了北湖水质，南北湖村水质从劣 V 类水转变为 II 类水。③

安吉县不仅强调从源头进行农村环境整治，也在于从全县工业布局，强化工业污染源头管理与治理，比如编制《安吉县城乡环境保护发展规划》，健全和完善城乡一体的环保体系建设，确立"环保优先"原则，关停污染企业，拒绝引进有污染的项目进入。2020 年，一个拥有极为先进造纸方式的造纸项目意欲落地安吉，投资近 60 亿元，但最终还是被拒，只因能耗水平等指标高于安吉的准入门槛。这只是安吉多年来频频拒绝高能耗、高污染项目的一个缩影，这样的情况在安吉县屡见不鲜。安吉人表示，一切项目想要来到安吉，首先需

---

① 资料来源：调研走访过程中，横溪坞村干部提供的资料文件《如何做到"四个不出村"——浙江安吉县横溪坞村情况汇报》以及《横溪坞村 2019 年工作总结》。

② 参见 2019 年 12 月 26 日，孝丰镇潴口溪村美丽乡村精品示范村创建复评汇报文件《"两山"引领、"四法"治村 全力建设 AAA 级景区村庄》。

③ 资料来源：2020 年 7 月 7—10 日，课题组在安吉县天子湖镇调研实录，以及村干部提供的相关资料文件《如何从劣 V 类水治理到 II 类水——安吉南北水塘剿劣工作的经验提示》。

要评估其对环境是否友好，宁可牺牲经济发展的速度，也要换取对环境的高质量保护。翻开安吉县十多年来的经济发展与生态治理史，从源头摒弃高污染、高能耗项目，拥抱绿水青山的做法已成为全县普遍共识。①

二　加强生态系统修复和保护

安吉的环境确实遭到了根本性重创，安吉曾经的发展，是靠牺牲和破坏环境取得的。生态修复是一项巨大、长期的工程，生态系统一旦破坏，修复需要花费的成本肯定是巨大的。2001 年安吉确定"生态立县"战略，这是一次重大的转折，而伴随着"生态立县"战略所进行的生态系统修复与保护，则是安吉以壮士断腕精神实行生态文明建设及相关改革的伟大誓言。以余村为代表，曾经靠炸山采矿为主要收入来源的发展模式实现了彻底的转变，实现了凤凰涅槃的过程。从建设生态县开始，就严格实施生态系统保护与修复工程，作为山水林田湖生态保护和修复工程的重要内容，制定实施生态系统保护与修复方案、优先保护良好生态系统和重要物种栖息地，建立和完善生态廊道，提高生态系统完整性和连通性。分区、分类开展受损生态系统修复，采取以封禁为主的自然恢复措施，辅之以人工修复，改善和提升生态功能。选择水源涵养和生物多样性维护为主导生态功能的生态保护红线，开展保护与修复示范。有条件的地区，逐步推进生态移民，有序推进人口适度集中安置，降低人类活动强度，减小生态压力。

比如，2016 年，安吉一些水域引进水体生态修复新技术，尽快

---

① 参见 2020 年 8 月 21 日，中国新闻网文章，《"两山"理念融入浙江招引项目基因：高门槛换来高效益》，http：//www.chinanews.com/cj/2020/08-21/9270762.shtml。

修复水质。天子湖镇南北湖村的湿地公园北湖水域，在 2016 年 6 月份，北湖 9000 平方米的水域里种上了沉水植物苦草。7 月份，湖里投入了食藻虫。8 月中旬，湖水变清，低头就能看见水底形态各异的水草。所谓的食藻虫，是一种经过驯化改良、主要以藻类为食物的浮游动物，直径一般只有 0.5 毫米，肉眼不太容易发现。据在调研中得知，这种虫是专门吃脏东西的，可以迅速提高水体透明度，为沉水植物的生长创造绝佳条件。食藻虫控藻引导水体生态修复的技术，这一技术中最关键的就是"一虫一草"。①

2019 年，在接到省级层面将开展省级山水林田湖草生态保护修复试点的通知后，安吉县第一时间行动，县委、县政府主要领导亲自研究部署、带头向上争取。湖州市生态环境局安吉分局牵头，联合县财政局、县自然资源和规划局等部门，坚持"绿水青山就是金山银山"和"山水林田湖草是一个生命共同体"理念，积极向上级寻求助力，聘请专家给予技术支持，各部门相互配合，齐头并进。试点申报时间紧、任务重、要求高，工作人员在春节期间加班加点，在多轮沟通、反复修改的基础上，编制了《省级山水林田湖草生态保护修复试点实施方案》，充分结合安吉的生态系统现状、特点和突出问题，按照系统工程的思路，科学制定适合自身区域特色的山水林田湖草生态保护修复建设内容，力争打造山水林田湖草系统治理"安吉样板"，为高质量建设美丽浙江提供示范和引领，获得评委们的一致好评。安吉县省级山水林田湖草生态保护修复试点实施方案在省级山水林田湖草生态保护修复试点实施方案专家评审会上获评最高分，方案经省生

① 参见 2016 年 9 月 22 日，浙江新闻网新闻，《一虫一草，治水法宝 安吉引进水体生态修复新技术》，https://zjnews.zjol.com.cn/zjnews/huzhounews/201609/t20160922_1930830.shtml。

态环境厅、省财政厅、省自然资源厅联合审核通过，未来安吉每年将获得省级财政补助 2000 万元，连续四年共计 8000 万元①。

最为关键的是，安吉全县加强生态系统修复和保护，是依靠干部群众的支持与严格法律保护的结果。比如，2019 年，安吉县人民法院公开审理一起污染环境案件，以污染环境罪判处被告人张某等 3 人相应刑罚。在宣判同时，还当庭发出了全省首例"土壤生态修复令"。只因在 2016 年 5 月，被告人张某、孙某、顾某各投资 25 万元合伙开办的一家有机玻璃水加工厂，为牟取暴利，在明知加工产生的残液有毒的情况下，未经申报环评手续，就私自将加工产生的 3 余吨残液倾倒于厂区自行挖掘的土坑内。后经相关部门检测，该残液和残渣物质的危险特性为 T（毒性）。2018 年 12 月 12 日，公诉机关依法对张某等 3 人提起公诉。安吉县人民法院审理认为，被告人张某、孙某、顾某非法排放、倾倒、处置危险废物达 3 吨以上，严重污染环境，构成污染环境罪，对张某、孙某、顾某分别判处有期徒刑 2 年缓刑 3 年、有期徒刑 1 年零 8 个月缓刑 2 年 8 个月、有期徒刑 2 年缓刑 3 年，并处罚金 50 万元到 52 万元不等处罚。同时，安吉县人民法院当庭发出土壤生态修复令，责令被告人于 30 日内完成对污染土壤的生态修复。若未按"土壤修复令"要求进行修复，将视情节轻重，予以撤销缓刑，执行原判刑罚。②

在新的时期，安吉将规划开展七大生态环境修复工程，即生态空间系统管控工程，比如赋石水库生态保护红线监测预警与智能监管系

---

① 参见 2019 年 2 月 28 日，搜狐网，安吉环保栏目文章，《安吉山水林田湖草生态保护修复实施方案获评最高分》，https://www.sohu.com/a/298565212_99908417。

② 参见 2019 年 5 月 8 日，浙江新闻网文章，《让"污染者"变为"修复者"安吉发出全省首个"土壤生态修复令"》，https://zjnews.zjol.com.cn/zjnews/huzhounews/201905/t20190508_10073656.shtml。

统；水生态环境质量提升工程，例如安吉清源污水处理厂三期工程；矿山生态环境修复工程，例如梅溪镇明江石矿治理项目；水土流失防治工程，例如安吉县赋石水库库尾和村生态湿地及库周生态修复工程；森林质量改善工程，例如安吉县林业有害生物防治项目；土地整治与土壤污染修复工程，例如安吉县土地质量地质调查项目；生物多样性保护工程，例如安吉小鲵保护与扩繁工程，还安吉人民一个更加优美的生态环境。①

三 推进大气、水、土壤全面污染防治

安吉县进行生态治理，对城乡都严格要求，全面推进大气、水和土壤污染防治。进入新世纪后，安吉县大力实施"生态立县"发展战略，围绕"打造中国最佳人居"的目标，通过完善城市发展规划，严格保护生态资源，积极倡导低碳生活，引导全民参与建设"绿色生态安吉"。比如，严格控制工业企业和民用设施温室气体排放，加强大气污染防治。建立工业企业废气达标排放实时监测，加大对工业废气排放的治理，限制引进和淘汰废气排放量大的企业。加强城市扬尘、油烟废气、细微颗粒物、汽车尾气治理，实行"公交优先"，鼓励乘坐公交车或步行、自行车出行，汽车全部安装尾气净化装置。城市日均洒水 2.5 次，有效降低大气颗粒物，环境空气质量日优良率稳步提升。改变过去以燃煤和柴草为主的能源获取方式，大力推广小水电、太阳能、沼气、天然气等清洁能源，城乡燃气普及率达到 98%。②

---

① 参见 2019 年 2 月 28 日，搜狐网，安吉环保栏目文章，《安吉山水林田湖草生态保护修复实施方案获评最高分》，https：//www.sohu.com/a/298565212_99908417。

② 资料来源：2020 年 7 月 10 日，本课题组成员与安吉县相关部门人员的座谈信息，以及提供的数据。

2020 年以来，安吉县更是高强度推进工业企业挥发性污染物（VOCs）治理攻坚，不断促进县域空气质量提质进位，实现臭氧防控与企业减负双赢。数据显示，2020 年 5 月份安吉县空气优良率为 93.5%，较 2019 年同期上升 25.8%，臭氧超标天数由 2019 年同期 10 天下降至 2020 年 2 天。多年努力的结果是，在 2020 年，安吉县被浙江省大气办评为夏秋季臭氧污染阻击战 5 月"蓝天之星"，全省三个县级之一，全湖州市唯一①。

安吉农村是中国美丽乡村，其环境改善的核心重点是水环境改善和水质提升。安吉农村生活污水治理工作起步较早，2003 年，在首个国家级生态村高家堂村引进美国阿科曼氧化塘技术，用于该村生活污水处理，从此开启安吉县农村生活污水治理之路。安吉农村生活污水治理主要经历了四个阶段。第一阶段即 2003—2007 年，算是萌芽起步阶段。这一阶段农村生活污水治理的背景为"千万工程"和安吉生态县创建初期，部分乡镇以"千万工程"、创建县级生态村、全国环境优美乡镇等为载体，开始了农村生活污水治理的实践探索，基本由乡镇自行组织建设为主。第二阶段即 2008—2013 年，属于提档升级阶段。2008 年，安吉县启动中国美丽乡村建设，将农村生活污水治理纳入了美丽乡村建设框架内容，并与美丽乡村长效管理挂钩，并逐年提高农村生活污水治理考核比重和奖励力度。安吉县依托中央环境综合整治项目结合美丽乡村建设，开展了大批农村生活污水治理设施的建设，农村生活污水治理的模式和工艺进一步优化提升。第三阶段即 2014—2016 年，属于提质跨越阶段。2014 年，安吉县委、县政

---

① 参见安吉县人民政府网站文章，《安吉县获省 2020 年臭氧污染阻击战 5 月"蓝天之星"》，http://www.anji.gov.cn/hzgov/front/s568/zwgk/zdlyxxgk/sdgjz/wrfz/202007-07/i2732593.html。

府审时度势，提出要用三年时间，实现全县农村生活污水治理行政村覆盖率 100%，农户受益率达 90% 以上。编制《安吉县农村生活污水治理三年规划》，全面推进农村生活污水治理设施建设，委托第三方对设施进行专业化运维。实现了农村污水处理从基本缺失到生态化治理设施全覆盖的巨大转变。第四阶段即 2016 年至今，是改造提升阶段。2016 年对建设年代久、处理能力不足的终端进行提标改造，当年县乡两级共投入资金 6200 余万元。2019 年编制《安吉县农村生活污水治理专项规划（2020—2035）》，规划近期五年里对设施进行提标改造，完成从有没有到好不好的转变，确保设施长效发挥作用。①

截至目前，全县共建有农村生活污水治理终端设施 3000 余座，行政村覆盖率达 100%，农户受益率达到 91% 以上②。安吉水质不断改善，从 2016 年、2017 年《水环境质量及变动表》③ 可以看出。2016 年安吉县所有 5 个水库水质量全是 I 和 II 类，其中 2016 年年初 I 类水质水库数量 2 个，II 类 3 个，没有 III 类及以下水质水库。2016 年年底，有一个水库水质从 II 变成 I 类。安吉县 24 条河流，2016 年 I 类水质由年初 1 条变成年底 3 条，增加 2 条；II 类水质河流由年初 21 条变成年底 20 条，减少 1 条；III 类水质，由年初 2 条变成年底 1 条，减少 1 条。2017 年安吉县 I 类水质由年初的 5 条增加到 8 条，增加 3 条；II 类水质河流由年初 18 条变成年底 13 条，减少 5 条；安吉县没有 III 类以下水质的河流。安吉获得 2014 年度全省农村生活污水治理优胜县、2015 年度全国

---

① 参见安吉县生态文明办提供的文件资料《立足治水惠民 强化长效管理——安吉县农村生活污水治理设施建设和管理经验交流》。

② 参见安吉县生态文明办提供的文件资料《立足治水惠民 强化长效管理——安吉县农村生活污水治理设施建设和管理经验交流》。

③ 数据来源：湖州市生态环境局安吉分局提供，国家统计局制定的 2016 年、2017 年《水环境质量及变动表》，表号：II 507 表。

农村生活污水治理示范县、2016 年度全国农村生活污水治理优胜县等荣誉。2017 年安吉县农村生活污水治理案例成功入选由中宣部等多部委联合主办的"砥砺奋进的五年"大型成就展。①

另外，安吉县耕地质量不断改善，从 2016 年和 2017 年数据②可以看出，安吉县平均耕地质量从 2016 年的 4.39 变成 2017 年年底的 4.16，这一趋势足以证明耕地质量改善明显。从 2017 年安吉县耕地质量来看，最差等次的耕地不断减少，优等耕地数量不断增加。2017 年，1 等质量耕地存量从年初 969 公顷增加到年底 1069 公顷，增加 100 公顷；2 等质量耕地从年初存量 5928 公顷增加到年底存量 6609 公顷，增加 681 公顷；7、8、9、10 四个低等级质量的耕地，从年初存量 2607 公顷、1352 公顷、664 公顷、366 公顷，减少到年底存量 2540 公顷、843 公顷、555 公顷、57 公顷，分别减少 67 公顷、509 公顷、109 公顷、309 公顷，耕地质量不断优化。

四 强化各项保障措施

生态环境治理需要强化各项保障措施，这是执行相关政策、落实政策目标、改变有关行为的保证。比如，2015 年 6 月，美丽乡村发源地安吉县，作为第一起草单位起草《美丽乡村建设指南》，并经国家标准委员会发布施行，成为全国首个美丽乡村建设标准。③ 还比如，

---

① 资料来源：安吉县生态文明办提供的文件资料《立足治水惠民 强化长效管理——安吉县农村生活污水治理设施建设和管理经验交流》。

② 数据来源：安吉县生态文明办提供，国家统计局制定的 2016 年、2017 年《耕地质量等级及变动表》，表号：Ⅱ502-B 表。

③ 参见《中华人民共和国国家标准（GBT32000—2015）美丽乡村建设指南》，中华人民共和国国家质量监督检验检疫总局、中国国家标准化管理委员会 2015 年 4 月 29 日联合发布，2015 年 6 月 1 日实施。

2017年12月8日颁布，并于2018年1月1日开始实施的《地方标准规范（DB330523/T025—2017）暨美丽县域建设指南》也是重要的制度性、纲领性文件，为生态治理和美丽乡村建设提供了标准与目标。[①] 该地方标准规范不仅为安吉县美丽县域建设提供了规范性指导，同时也为全省乃至全国范围美丽县域建设提供了借鉴和参考。《指南》针对环境治理，提出了重要的指引，并要求坚持节约优先、保护优先、自然恢复、开展空间管控；设定并严守资源消耗上限、环境质量底线、生态保护红线；建立资源环境承载能力监测预警机制，执行负面清单制度，保护生态资源，强化总量控制，治理生态环境，节约资源利用；要求建立大气污染物排放清单和监控体系，加强跨区污染防控合作、联防联控；推进乡镇（街道）$PM_{2.5}$和臭氧自动检测设施建设，空气质量优良天数比例87%以上。美丽是一个综合性概念，不仅包括生态环境美，也在于城乡协调发展、生态经济良性循环、民生保障、人文发展、社会治理等维度。《指南》从自然资源保护、自然生态保护、生态修复与建设、饮用水水源保护等生态环境保护维度；农业污染防治、生活污染防治、生活污水治理、生活垃圾处理、工业污染防治、服务业污染防治等污染防治与资源化利用维度进行了标准规范的规定，细化了工作标准，使生态环境治理更具有可操作性、易评价性、可观察性。

2018年8月11号发布，2018年9月11日开始实施的《安吉地方标准规范（DB330523/T—2018）乡村治理工作规范》规定，[②] 安吉

---

① 参见《安吉县地方标准规范（DB330523/T025—2017）美丽县域建设指南》，安吉市场监督管理局2017年12月8日发布，2018年1月1日实施。

② 参见《安吉县地方标准规范（DB330523/T 29—2018）乡村治理工作规范》，安吉县市场监督管理局2018年8月11号发布，2018年9月11日开始实施。

县执行生态红线管控制度，杜绝不合理开发，保护水资源、公益林、开展矿山整治，提升环境总体质量，大气、土壤的环境质量应分别符合 GB3095《国家空气质量标准》、GB15618《土壤环境质量标准 农用地土壤污染风险管控标准》的要求，地表水水质符合 GB3838—2002《地表水环境质量标准》中Ⅲ类以上要求。建立村干部生态资源离任审计制度，对村干部任职期间履行自然资源资产管理和生态环境保护责任情况进行审计评价。推广使用可再生能源、清洁能源。新建、改建、扩建项目应通过村民代表表决，并严格要求通过环保、安全等相关政府审批后方可实施。建立村级"河长制"管理制度，完善"智慧河道"信息化管理，提升河道基础设施，河道长效保洁实现全覆盖，加强水土保持，对河道、山塘、水库等堤岸、边坡开展生态化治理。建立村级"林长制"管理制度，加强林区巡查，宣传教育森林资源保护，及时制止林区野外用火、毁林开垦行为。

《规范》还强调，建立环境卫生长效管理机制，完善环卫措施、健全管控制度、加大宣传教育、落实包干到人。完善农村生活垃圾分类实施与管理制度，生活垃圾分类定点投放、分类定时收集、分类定车运输。分类定位处理应符合 DB33/T 2091《农村生活垃圾分类处理规范》的要求。餐厨垃圾应纳入农村生活垃圾分类处理系统，或由第三方有资质的企业进行餐厨垃圾专项收运、处置。探索第三方托管有效模式，加强和规范农村生活污水处理设施的运行、管理和维护。农村生活污水排放应符合 DB33/973《农村生活污水处理设施水污染物排放标准》的要求。清除农村露天粪缸（池）和简易厕所，优化农村公厕布局，建设生态公厕，按照 DB33/T 3004.3《农村厕所建设和服务规范 第 3 部分：农村公共厕所服务管理规范》的要求加强农村公共厕所管理与维护。农村户厕应符合 DB33/T 3004.2《农村厕所建

设和服务规范 第2部分：农村三格式卫生户厕所技术规范》的要求。建立村级"路长制"管理制度，沿线行政村干部担任"村级路长"，承担日常应急突发事件处置工作，确保道路无明显垃圾、无乱采乱挖、无乱搭乱建、无乱堆乱放、无黑臭垃圾河、无违法广告、无绿化缺失现象。开展"美丽庭院"创建，完善"门前'三包'承诺"，房前屋后整洁，建材、柴火等生产生活用品集中有序存放。

在2020年7月的调研中得知，安吉县政府准备每年投资2000万元，用4年时间总共投资8千万元全面做好生态修复试点工程，争创无废城市、无废村庄。这些经费中，很大一部分应用于生态补偿，生态补偿是以保护和可持续利用生态系统服务为目的，以经济手段为主调节相关者利益关系，促进补偿活动、调动生态保护积极性的各种规则、激励和协调的制度安排。① 作为"绿水青山就是金山银山"理念诞生地，湖州安吉已经成为展示中国生态文明建设伟大成就和实践"绿水青山就是金山银山"理念的重要窗口，也正在继续围绕习近平总书记对全省提出的"努力成为新时代全面展示中国特色社会主义制度优越性的重要窗口"新目标新定位，乘势而为、乘胜前进，奋力争当"美丽中国的样本、绿色发展的标杆"，为全国生态文明建设创造更多"湖州经验"。

五　推进农业农村环境治理

安吉人知道，安吉最大的优势是生态环境，最稳定、最有特色的产业是农业。以农为根、绿色发展才是安吉模式的重要经验。因此，从实施生态立县战略开始，安吉始终重视农村环境全面改善，并以

---

① 资料来源：2020年7月10日，本课题组成员与安吉县相关部门人员座谈的信息，以及提供的数据。

"美丽乡村建设"为载体，不断推进农业农村环境治理，这是安吉践行"绿水青山就是金山银山"理念，实施生态文明建设的最根本和最重要的部分。自从 2003 年以习近平同志为省委书记的浙江省委、省政府提出"千万工程"开始，安吉就把人居环境整治作为新农村建设的重要内容，将生态建设、美丽乡村建设、城镇化建设高度融合，努力实现村庄美、农业强、农民富的发展目标，直到今天。

以天子湖镇高庄村为例，在美丽乡村精品示范村建设工作中，高庄村以建设"美化村庄"为目标，彰显村庄特色，推行环境治理。高庄村积极争取天子湖镇全域整治项目，为区域发展腾出空间，实施完成下北、下寺等老小区的美丽宜居环境优化项目，进一步提升村庄美丽环境。为推动美丽乡村建设，高庄村全域、全面、全员推进村庄环境整治工作，积极开展"百日攻坚""五水共治"等环境整治工作，清淤河道、水塘，整治乱搭、乱建现象，整治垃圾堆放点，清理卫生死角。清淤河道、水塘约 10000 立方米，拆除乱搭、乱建面积约 1000 平方米，整治堆放点 350 余处，清理卫生死角 150 余处，共计清理垃圾 100 余吨。从源头上、从根本上对生态系统进行保护和修复，积极落实好智慧垃圾分类工作，实行垃圾不落地，形成垃圾"户集、村收、村运、村处理"的垃圾收集体系，达到村庄整齐、整洁的效果。动员党员、村民主动参与到美丽庭院、美丽家庭创建活动中来，采取"以奖代补"的措施开展"美丽庭院"评选活动。①

还比如，孝丰镇潴口溪村认真贯彻落实湖州市、安吉县"百日攻坚"大行动要求，进行环境整治。利用"巡查看、群众提、无人机查"来全方位排查，全村域总动员，出动人员 500 人次，发放宣传资

① 资料来源：2019 年 12 月安吉县天子湖镇高庄村党委书记谢连贵向有关部门所作的"美丽乡村精品示范村建设汇报"材料，即《凝心聚力，打造村强民富新高庄》。

料 2500 份，按照院内院外一个样，对"乱堆放、乱张贴、乱拉、乱接"进行彻底清理。按照属地管理的要求，对镇工业园区附近的集市开展了车辆违停集中整治，提升落后污水管网 2000 米、修复破损路面 1500 平方米，农房改造提升 60 间，实现人居环境再提升。经过"美丽乡村"精品示范村的创建，全村环境面貌有了一个根本性改变，使村庄更加合理美观，房屋错落有致，具有明显的地方特色和乡土风情。①

安吉以"中国美丽乡村建设"为载体，"薪火相传"，坚持走"绿水青山就是金山银山"之路，坚持生态文明建设，始终不渝地以环境优势促民生。加强环境保护督察，落实区域生态补偿和生态环境损害赔偿制度，持续开展治危、治违、治水、治土、治气等乡村环境综合治理，依法打击各类破坏生态环境的违法犯罪行为，打造更高水平的气净、水净、土净"三净"之地，建设"山水田林湖草"命运共同体。大力推进生产方式绿色化，建立绿色生产方式标准体系、监管制度和考核评估制度，实行能耗、污染物排放总量和强度双控制度，实行污染物排放许可制度，推动形成节约适度、绿色低碳、文明健康的生活方式和消费方式，使绿色消费、绿色出行、绿色居住成为全社会的自觉行动。

2005 年 8 月 15 日，习近平同志到安吉余村调研时曾说："从安吉的名字，我想到和谐社会的建设，想到人与自然的和谐，想到经济发展的转变。"如今，这些已在安吉化作现实。安吉美丽乡村建设，其实就是以农村环境整治为主体的。在农村环境整治提升的过程中，村

---

① 资料来源：2019 年 12 月安吉县孝丰镇潴口溪村党总支、村民委员会向有关部门所作的"美丽乡村精品示范村创建复评汇报"材料，即《"两山"引领、"四法"治村全力建设 AAA 级景区村庄》。

民不仅是环境美化的受益者，更是参与者。2020 年 6 月 19 日，安吉县启动农村人居环境"百日提升"行动，各乡镇（街道）围绕村容村貌品质、生态环境质量、"三大革命"成效、长效管理水平四大方面，扎实推进环境提升工作，保障农村"美丽"成色。①

六　生态文化促环保领域改革

文化与环境影响人的行为。宣传生态文化，可以带来人们价值观的转变，从而影响人们行为，进而有效促进环境政策实施与生态环保领域改革。15 年来，安吉以争创全国文明城市为契机，全面推进城乡文明共建、共享，形成城乡一体文明的新格局。大力加强以生态文化为核心的美丽文化建设，大力加强以覆盖各行各业为目标的美丽细胞建设，推动美丽岗位、美丽家庭、美丽村庄、美丽社区、美丽企业等美丽细胞支撑和成就美丽事业。安吉县始终坚定走绿色发展新路子，树立绿色政绩观、绿色生产观、绿色消费观，加快形成科学合理的生态环境空间和产业结构，着力构建绿色低碳的生产方式和生活方式，建设一流生态环境。

大力培育生态文明理念，深入推进生态建设，切实形成全民共治共享、全社会广泛参与的生态环保工作大格局。将生态文明列入党校干部培训的主体班次、干部网络教育的必修课程和全县中小学教育的重要内容，全县党政干部、中小学生环保教育普及率达到 100%。在县主流媒体开设"美丽乡村监督哨·美丽安吉找不足"曝光台专栏，开展"寻找不可游泳的河""寻找还未拆除的违章"等栏目，建立了查找、发现、整改、提升、巩固、监督的全流程保障机制。在全社会

① 参见浙江新闻网《从"百日攻坚"到"百日提升"！安吉县农村人居环境走向全域持久美》，https：//zj.zjol.com.cn/red_boat.html? id=100846377。

普及生态文化理念，广泛开展"3·25""6·5"群众性生态文化活动，编发《中国美丽乡村村民守则》《中国第一生态县县民手册》等通俗读本，形成家家挑起护美担子，人人都是护美使者，共同呵护"中国美丽乡村·世界绿色人居"品牌的浓厚氛围。实施"书香飘竹乡"计划，形成以竹文化、孝文化、昌硕文化为导向的生态文明建设理念，突出竹文化系列品牌的挖掘与提升，抓好"竹鼓""竹乐""竹龙""竹灯""竹舞""竹歌"等以竹为主题的舞台演出策划、创作和组演；突出农耕文化系列品牌的探索与建设，开展村落农耕文化的规划与试点。积极做好文物资源的管理、保护和发掘工作，对文保单位加强维修保护。组建了西苕溪护水队、民间河长、生态文明建设宣讲团等，成立中国生态文明研究院，建成安吉生态博物馆群等生态文明示范教育基地。

从文化宣传到实际行动，安吉进一步推进环保领域制度创新和相关改革。比如，孝丰镇横溪坞村利用回收的废品建造了生态环保墙和卡通节点，通过此项工作的开展，宣传效果非常明显。同时完善卫生保洁制度，长效管理机制上墙入户，写入村规民约，接受群众的监督，横溪坞村还成立了妇女环保志愿者队，随时服务于"垃圾不出村"。同时与每户农户签订门前卫生三包协议。通过宣传教育，加大管理力度，群众的生态、卫生意识有了明显的提高。2019年，横溪坞村在县、镇两级卫生检查中获得十个"好"。安吉县始终强化城乡一体化环保基础设施保障，积极争取各类基础设施建设专项基金，支持民间资本、工商资本以及PPP等多种方式参与环境治理。比如，天子湖镇建立环境卫生长效机制，组建天衡公司（物业公司），实行大物业负责管理全镇20个村的环境卫生。公司化经营助推了"抱团消薄"，解决"有钱没资源，有资源没钱"的问题。天衡公司已成为全镇集体经济发展的重要平台，特点是全覆盖、全域化。各村相互学习，实行共同入股、成立公司，集体抱团做物业、推进垃圾分类处理，抱团发展，整体推进生态文明建设与环境治理。①

安吉积极探索实施生态文明建设考核评价制度、环境功能区划、环境资源要素市场化机制、环境资源高效利用制度等优先研究的制度创新项目；完善考核评价体系、生态补偿奖惩机制、环境责任追究制度；完善企业环境保护信用体系、重点污染行业和企业强制性环境污染责任保险制度；完善环保非政府组织培育机制，建立沟通、协调与合作机制；完善决策过程的公众参与和环境违法行为的公众监督制度；利用互联网+技术，推广智慧环保，提高环境监管效率。迄今为止，安吉作为承当省级以上改革示范区（试验区）就达到 37 个，其中大多与"绿水青山就是金山银山"、生态、环境相关的制度、体制机制改革相关，生态保护机制更加健全。

安吉 15 年"绿水青山就是金山银山"理念践行，近 20 年的生态立县，13 年的美丽乡村建设，其效果已经非常明显，老百姓素质发生质的变化，人居环境彻底改善，官民关系和谐，百姓的满意度、幸福感和自豪感甚是高涨。安吉县域大景区已经形成，全县森林覆盖率和植被覆盖率分别达到 71% 和 75%，这里土净、水净、气净，被誉为"三净之地"。安吉 16 个乡镇（街道）中，有 12 个被评为全国环境优美乡镇（街道）。根据权威机构测算，安吉的绿色 GDP 达到 1400多亿元。随着美丽乡村建设，随着农村环境整治的大力投入，城乡发展差距甚微，甚至已经明显感觉乡村好于城市的局面。多少年来，与

---

① 资料来源：2020 年 7 月 7—10 日，课题组在安吉调研走访过程中，横溪坞村村干部提供的《如何做到"四个不出村"——浙江安吉县横溪坞村情况汇报》以及《横溪坞村 2019 年工作总结》。

安吉县生态治理和美丽乡村建设的成功之路、环保领域改革和生态治理经验等相关的报道，经常出现在《人民日报》《光明日报》《经济日报》《中国环境报》等报纸杂志，以及中央电视台《焦点访谈》《新闻联播》等栏目，在国内外都产生了广泛、深远的影响。

七 支持优势绿色经济

发展绿色经济，是保证绿水青山和金山银山的必由之路。生态是安吉最大的优势，生态是安吉最大的资源。安吉县依托良好的生态环境，发展乡村旅游、民宿经济、健康养老等产业，充分发展旅游经济，发展绿色经济。安吉自 2008 年开启中国美丽乡村建设，就把全县当作一个大景区来规划建设、把一个村当作一个景点来设计、把一户人家当作一个小品来改造，细心经营。通过规划、建设、管理、经营四位一体全方位建设，涌现出了以鲁家村、高家堂村等为代表的一大批美丽乡村经营典范。比如，递铺街道鲁家村对全村区域按照国家 AAAA 级景区的标准，因地制宜综合规划。引入第三方经营公司，村民以土地作价入股，积极吸引社会资本，实行以 18 个家庭农场经营为发展模式，并以观光小火车将农场串联，通过新的经营体系培育，形成一产和三产相结合的乡村旅游发展模式，成功打造"游、吃、住、购、娱乐"为一体的田园休闲综合体。在经营方法上，推行"三统三共"，三统即统一规划、统一经营、统一品牌；三共即共建共营、共赢共享、共享共营。家庭农场在经营上走差异化道路，每个农场各具特色，经营内容避免同质化竞争。2011 年至 2019 年，鲁家村的村集体资产由 30 万元增长为 2.9 亿元，村集体年收入由 1.8 万元增长为 565 万元，人均收入由 14000 元增长为 42700 元。鲁家村 2019 年全年接待游客 22504 万人次，实现旅游总收入 324.7 亿元，实现了"绿水青山"的"淌金流银"。①

　　从市场经济角度看，资源价值的实现必须以产品的形式体现，最直接的方式就是利用现有的自然资源发展生态产业。安吉依托良好的自然资源禀赋发展竹制品、茶叶等，推进"三农"一体、"三产"共融、"三生"互促，实现了农产品和服务由低端向中高端，休闲农业发展布局由分散向集聚，发展方式由粗放向集约的转变。安吉白茶产业以 34.87 亿元的品牌价值，连续九年跻身全国茶叶品牌价值十强。安吉竹产业产值达 180 亿元，以全国 1.8% 的立竹量创造了全国 22% 的竹业产值②。绿色经济直接带动人们生活的富裕与美好，比如递铺街道各村依靠白茶产业，村民收入大幅增加。2019 年人均收入突破 3.8 万元，村集体经营性资产 1.5 亿元，村集体经营性收入 300 多万元。通过集约经营，山林出租给企业，年收入可达 420 元每亩，从而带动产业发展③。递铺街道鹤鹿溪村 2019 年开始引入工商资本进行开发，计划投资 4 亿—5 亿进行文旅融合的开发。2019 年村集体经营收入 260 万元，主要来自白茶、土地流转、山林承包、房屋租金。④

　　还比如，孝丰镇潴口溪村种植特色花卉苗木和果蔬种植面积 500 亩，从事竹制品加工和转椅配件等小微企业 70 余家，出租房 1000 余间、商铺 69 间，落户本村的知名企业有和也健康科技、永裕竹业、

---

　　①　数据来源：2020 年 7 月 7—10 日课题组成员与递铺街道鲁家村相关人员座谈信息、调研实录，以及村干部提供的比如《安吉县递铺街道鲁家村乡村产业发展情况》等各种统计资料。

　　②　数据来源：安吉县生态文明办提供的资料《安吉县"两山"理念实践创新基地建设情况汇报》。

　　③　数据来源：2020 年 7 月 7—10 日课题组成员与安吉县有关部门工作人员座谈信息，以及其间访谈调研实录。

　　④　数据来源：2020 年 7 月 7—10 日课题组成员在安吉各乡镇、街道访谈调研实录。

乌毡帽酒业、君澜度假酒店等。2019 年农民人均收入 3.8 万元，村集体经营性收入 329.3 万元。[①] 孝丰镇横溪坞村提高白茶的产量和质量，打响"紫沟坞"品牌，获取更多的品牌效益。横溪坞茶场在 2003 年注册紫沟坞商标，进行 QS 认证，2004—2005 年建造 300 平方米茶场，并通过了无公害茶叶基地和有机茶的论证，2019 年又投入资金 320 万元对茶场进行重建，扩大茶叶再种植面积，添置 1 套先进的制茶设备，并开发创办创建茶叶销售网站，生产茶叶 3000 余公斤，产生利润 200 多万元。为壮大集体经济，做好白茶产业，2018 年，横溪坞村与湖北省京山市罗店镇麻城村合作，租赁土地 250 余亩，壮大本村集体经济的同时，带动当地共同致富。2019 年又成功引进下横溪大坞里农旅项目，承包闲置土地 300 余亩，竹林 300 余亩，开发种养殖业及农业休闲观光等项目，租赁村民空余农房用于民宿打造。经过一系列工作的开展和老百姓自身的努力，横溪坞村老百姓生活水平有了明显的提高，2019 年横溪坞村人均收入达到 44323 元，相较 2018 年增长 14%。[②]

直至今日，安吉全县产业的生态、绿色、环保等特征明显，规模可观。一产注重特色，以白茶等茶叶为主，另外就是发展林下经济，比如中草药等。围绕毛竹林做文章的乡村经济，也是安吉县农民致富增收的典型。安吉县竹产业围绕竹纤维、竹凉席等产品做工作。安吉现有竹产业企业 1200 多家，规模以上企业 47 家。二产业注重转型升级。安吉经过了从原来的卖原竹到进原竹进行深加工的转型，推动了

---

① 数据来源：2019 年 12 月安吉县孝丰镇浒口溪村党总支、村民委员会向有关部门所作的"美丽乡村精品示范村创建复评汇报"材料，即《"两山"引领、"四法"治村全力建设 AAA 级景区村庄》。

② 数据来源：孝丰镇横溪坞村党支部、村委会主要负责人所作的《横溪坞村 2019 年工作总结》。

竹产业的转型升级。围绕椅业和其他绿色家居产业所形成的产业集群，规模大，占据安吉工业企业半壁江山，拥有三家上市公司。家居业规模以上企业全县有 453 家，占比 55.8%。其中绿色家居规模以上企业 253 家，2019 年产值 301 亿元，占全县产值的 48.6%。其中椅业 238 亿元，占比 38.4%，各类出口椅的 50% 以上产自安吉。另外还有装备制造、医药康养等作补充，形成相关丰富产业链。三产主要是依托美丽乡村、竹乡相关的乡村旅游项目。安吉县如今已经做到美丽乡村是景区，景区也是美丽乡村，将美丽乡村和景区融合在一起。①

◇◇第四节 生态治理现代化的安吉经验

安吉的生态治理，是一段"凤凰涅槃"的艰难历程。安吉县委、县政府始终坚持以人民为中心，坚定"绿水青山就是金山银山"理念，秉持四个自信，严格遵照习近平总书记指示，"一任接着一任干"，生态治理效果稳步提升，不断优化。安吉县走出了一条通过思想引领聚人心、强化领导促责任、制度先行稳秩序、强化民主保信任、因地制宜推发展、鼓励竞争激创新等途径实现生态治理能力现代化的成功之路，其经验值得广泛借鉴。

一 思想引领聚人心

思想是一切行为的起点，是行为的最终依据。② 思想与意识，来

---

① 数据和资料来源：2020 年 7 月 7 日课题组与安吉县相关部门座谈信息以及提供的数据。

② 肖方仁、唐贤兴：《再组织视野下政策能力重构：乡村振兴的浙江经验》，载《南京社会科学》2019 年第 9 期。

自于人们对周围环境的理解，建构了人们关于周围世界的一整套相对一以贯之的认知和评判价值标准，它使个人在团体活动中能够服从集体利益，有效抑制、约束个人私利最大化追求，使团体行动方式更加合乎理性。但是，思想和意识的形成与发展，以及围绕它进行的理论逻辑的建构，也都是基于一定的历史背景与环境的。安吉生态治理的"凤凰涅槃"经历，从思想转变开始，而与持之以恒的思想引领相伴随。

　　1998 年，安吉县在国务院开启的太湖治污"零点行动"中受到了"黄牌警告"。安吉人意识到，这样下去走的不是出路，而是死路。痛定思痛后，在 2001 年，安吉提出生态立县发展思路，关停矿山、淘汰重污染企业，但其过程并非一帆风顺、没有任何阻力，尤其是当安吉县为了确保生态环境不被破坏而不得不损失相当的 GDP 增长的时候。在实施生态立县战略的前 5 年时间里（2001—2005），安吉财政收入增幅大大落后于毗邻的县市，形势非常严峻。一时的政策动员，只能得到民众短时期的热情回应，因为经济收入损失，导致很多人抵制环境保护政策继续执行。①

　　政府着重从思想上影响社会与民众，而不是简单地采用权力强力推行政策。在 2001 年 1 月 17 日，县委、县政府作出了决定安吉未来发展方向的重大决策，颁布《关于"生态立县——生态经济强县"的实施意见》，随后安吉县人大作出《关于生态县建设的决定》，并批准《安吉生态县建设规划》，标志着安吉生态立县战略从此进入实施阶段，确立了因地制宜、扬长避短、错位发展，走有安吉特色的发展路子。安吉充分发挥资源优势、产业优势和区位优势，完成"大力

---

① 肖方仁、唐贤兴：《再组织视野下政策能力重构：乡村振兴的浙江经验》，载《南京社会科学》2019 年第 9 期。

扶持发展生态工业""加快发展生态农业""着力培育生态旅游""加快建设生态城镇"四大任务。[①] 政府通过长时期广泛宣传，并辅之以具体的政策措施，使当地民众从思想上实现改变，让民众看得到更加确定的未来，对政策充满信心，从而赢得民众信任与支持。

其实，真正最具影响力的思想前提，是习近平同志的几次到访，以及给予安吉生态治理成果的充分肯定，从而更加坚定了安吉人走生态立县和生态治理之路的信念。2003 年 4 月 9 日，习近平同志担任浙江省委书记约半年后，到安吉调研指出，只有依托丰富的竹子资源和良好的生态环境，变自然资源为经济资源，变环境优势为经济优势，走经济生态化之路，安吉经济的发展才有出路。习近平在 2004 年 3 月 19 日《浙江日报》"之江新语"栏目撰文指出，我们既要 GDP，又要绿色 GDP。特别是浙江人多地少，如果走传统的经济发展道路，环境的承载将不堪重负，经济的发展与人民群众生活质量的提高会适得其反。[②] 他在 2004 年 4 月 12 日 "之江新语"继续强调，抓生态省建设，是浙江省落实科学发展观的重要体现，就是要追求人与自然的和谐相处，就是要实现经济发展与生态建设双赢。[③] 而习近平同志 2005 年 8 月 15 日又一次的安吉之行，他肯定了余村的做法，提出"绿水青山就是金山银山"这一理念，一下子拨开了大家心头迷雾，打消了因为经济问题影响而产生的思想上的矛盾和行为上的纷争。那就继续这么干！正是习近平总书记的肯定，给予安吉生态立县定位以及相关制度建构以极高的肯定和评价，从而为安吉生态治理坚定了前

①　资料来源：2020 年 7 月 7—10 日本课题组在安吉调研期间，安吉县生态文明办提供的相关资料文件。

②　习近平：《之江新语》，浙江人民出版社 2007 年版，第 37 页。

③　习近平：《之江新语》，浙江人民出版社 2007 年版，第 44 页。

进的方向。在此后的 15 年里，当地政府坚持走"绿水青山就是金山银山"的生态发展之路，不停影响着民众、社会组织或当地企业的思想认识。在习近平同志的重视、关心和指导下，安吉于 2006 年 6 月也成功创建全国第一个生态县。

2008 年 1 月 15 日安吉县第十四届人民代表大会第二次会议通过的《关于建设"中国美丽乡村"的决议》，算是一次正式的以人大决议的形式通过对"美丽乡村建设"的认定，这既是官方以具有法律意义的决议通过的正式确认，也是对人民代表实际上是对广大人民群众的一次正式思想影响。在此次决议中，人民代表确认了建设"中国美丽乡村"是在打造"中国竹乡"和"全国生态县"基础上的又一伟大创举，它将以"村村优美、家家创业、处处和谐、人人幸福"为目标，是整体提升安吉新农村建设水平，整体推进安吉农村物质文明、精神文明、政治文明和生态文明的一项系统工程。建设"中国美丽乡村"，是全面落实科学发展观的具体行动，是实现民富县强、和谐安吉的重要举措，也是惠及全县人民的一项幸福工程，从而更进一步在思想上影响人们对美丽乡村建设的认同。

在此后的发展中，随着安吉人从乡村旅游的开发中获得实惠，从生态经济中得到好处，人们支持美丽乡村建设各项政策的积极性不断增强，也以安吉作为中国最美乡村而感到自豪。在提高思想认识的基础上，安吉县各级政府通过多种方式，发挥舆论导向作用，大力宣传建设"中国美丽乡村"的时代背景、现实基础及其重大意义和先进典型。进一步整合各类资源，把全县人民的积极性充分调动起来，做到人人参与建设，个个献计献策，努力形成全社会合力共建美好家园的良好氛围。这种思想的影响力成为一种氛围，成为安吉甚至整个社会的一种制度环境，成为影响人们行为的一种规范性力量。

2020 年 3 月习近平总书记又一次来到安吉余村，了解到安吉多年来践行"绿水青山就是金山银山"理念、推动绿色发展发生的巨大变化，对安吉、湖州甚至整个浙江 15 年工作给予了充分肯定，这是对安吉生态治理下一步工作的思想指引。安吉县干部群众，正在顺势而为，继续乘胜前进，为浙江省作为展现中国特色社会主义制度优越性的重要窗口做出安吉生态治理方面的贡献。

二　强化领导促责任

安吉 15 年践行"绿水青山就是金山银山"理念所取得伟大成绩，与各级政府的领导，特别是安吉县委、县政府的领导与决策是分不开的。早在 2001 年开始确立生态立县伟大战略之时，安吉县就成立了由县委书记任组长、县长和班子分管领导任副组长的生态县建设领导小组，指导安吉生态县建设和生态环境治理。2003 年安吉全面开展农村生活污水治理，也是首先强化领导责任，自上而下强势推进。为保障农村生活污水治理这项系统工程，安吉专门成立县农村生活污水治理工作领导小组，由县政府主要领导任组长，县委、县政府相关领导任副组长，有关部门为成员单位的安吉县农村生活污水治理工作领导小组。比如，县农治办主要是做好协调和牵头工作；生态环境局做好技术把关、运维接管等工作；县卫生局做好卫生改厕、新建化粪池不留盲区；县住建局做好工程质量监管、关注建设市场规范；县交通局做好涉及道路开挖的支持、配合，简化手续；县市场监管局做好主要管材等抽查检测，杜绝劣质建材流入建设工地。其他部门重点是做好业务管辖范围内的工作。安吉县将农村生活污水治理工作汇报纳入每月 8 日召开的全县"一把手工作"例会，通过全县最高规格会议督促进度。县委督查办每月刊发进度督查通报、县农治办每半月刊发进展情况通报，抄送县委、县政府主要领导，促使各乡镇、各村在进度上比学赶超，争当先进。同时，县农治办每半月召开一次主任办公会议、各乡镇（街道）分管领导、科室业务会议，分析存在问题，研究解决办法，布置下阶段工作。①

安吉县设立"绿水青山就是金山银山"办公室，充分发挥部门的统筹推进作用，牵头研究编制生态文明建设相关规划和方案，会同有关部门共同制定生态文明建设方面的相关政策，统筹协调各行政村及生态文明建设相关部门落实生态文明建设具体任务，对生态文明建设情况进行督促检查和综合考核评价。对照五个美丽专项行动任务，列出项目清单、政策清单、服务清单等，明确责任、挂图作战。制订考核细则，开展定期督查，及时通报考核结果，并将其纳入部门"效能机关"和"提升效能创新奖"考核体系。② 各乡镇（街道）设立生态文明办公室，承担生态文明建设工作领导小组日常工作，统筹协调全镇生态环境综合治理工作以及生态文明建设"领导带班督查"活动，对全镇生态环境综合治理工作进行综合评价；组织召开全镇生态文明建设工作月度例会，总结前阶段工作，分析存在的问题，并部署下阶段任务。根据工作需要牵头召集各专项办全体会议，商议有关工作，重大事项向镇生态文明建设工作领导小组汇报。各专项办承担督促、协调、指导推进全镇"三改一拆""四边三化、美丽乡村长效管理""五水共治""治气治霾"等生态环境综合治理工作职责；负责对各行政村生态文明建设工作的考核，实行月度考核机制；负责处理群众

---

① 资料来源：2020 年 7 月 7—10 日课题组调研期间，安吉县生态文明办提供的《立足治水惠民 强化长效管理——安吉县农村生活污水治理设施建设和管理经验交流》等文件材料。

② 资料来源：2020 年 7 月 7—10 日课题组调研期间，安吉县生态文明办提供的《安吉县"两山"理念实践创新基地建设情况汇报》等文件资料。

投诉、信访举报及上级督查反馈、媒体暗访曝光等生态环境方面的问题。一般问题会同相关职能部门在各自职责范围内处理，少数复杂、有较大难度的问题提交镇生态文明办，统筹协调相关单位处置。同时承担生态文明建设领导小组带班检查督查工作和各自上级部门布置的工作任务。①

各村则在安吉县和乡镇领导下，以上级安排的各种创建工作为抓手，进行村庄整体环境整治，优化村庄环境，强化组织抓创建，建构组织强领导，这是安吉县一个重要经验。比如，天子湖镇高庄村，通过宣传动员党员、群众积极参与到示范村创建中来，加强创建工作的组织领导，成立了以村党委书记任组长，村主任为副组长，两委其他人员为成员的创建工作领导小组，直接领导、指导和协调创建的有关事项，确保各项工作深入有序地开展。②

还比如，2018 年，国家统计局、国家发展改革委、财政部、自然资源部、生态环境部、水利部、农业农村部、国家林业和草原局共同发布关于印发《县级自然资源资产负债表编制试点方案》的通知（国统字〔2018〕205 号），将安吉县列为全国 4 个自然资源资产负债表编制的县级试点单位。对于自然资源资产负债表编制工作，县资源规划局高度重视，由分管局领导具体负责，资源科为责任科室，其他科室高度协助配合，建立起一套职责明确、科学高效、协调统一的工作机制，从组织上加强对整项工作的指导，加强对工作质量、进度的控制，保证了工作的顺利推进。同时，安吉县还采用省、市、县三级

---

① 资料来源：2020 年 7 月 7—10 日课题组调研期间，安吉县报福镇、彰吴镇等典型乡镇提供的《生态文明建设工作实施方案》等文件资料。

② 资料来源：2019 年 12 月安吉县天子湖镇高庄村党委书记谢连贵向有关部门所作的《美丽乡村精品示范村建设汇报》材料，即《凝心聚力，打造村强民富新高庄》。

联动机制，确保方案和数据获取的规范性和可靠性。① 可见，加强领导和明确责任一体，这是安吉生态治理现代化实现的一项重要组织保证。

三　制度先行稳秩序

在大多数研究者的视野里，制度是个更广泛的概念，它不仅包括传统观念里的正式规章制度，更包括人们的认知、思想意识形态所提供的环境性因素，一种基于意向性的共同理解。前面所说的思想理念，其实也是广义制度的重要组成部分。在有些人看来，制度本身就是社会地建构的产物。社会性事务在于人们的共同理解，制度性事实是基于共同意义基础上的认同，社会实践赋予社会行动以意义。② 制度经济学家道格拉斯·诺斯指出，制度是一个社会的博弈规则。制度更多的隐含着一种权力（权利）关系，它规定了行为体之间的权力（权利）空间，为人们的行动提供了一种秩序。③ 安吉县在生态治理过程中，通过相关制度的完善，激励了基层干部的行为，同时也有力激发了民众的行为。在一种能者上、干实事能得到充分认可的制度框架下，工作成绩能够及时得到承认，领导干部和广大群众的积极性，一下子被激发起来了。

在2001年确立生态立县伟大战略之时，安吉县就成立了领导小组，建章立制，形成了较全面的生态县建设规划体系，为生态立县战

① 资料来源：2020年7月7—10日，课题组成员在安吉调研走访期间，有关部门提供的信息。

② 参见肖方仁《再制度化与国家政策能力重构》，中国社会科学出版社2019年版，第77—79页。

③ 道格拉斯·诺斯：《制度、制度变迁与经济绩效》，上海人民出版社2008年版，第3页。

略的实施提供了良好的方向性指引。安吉县编制了《安吉生态县建设总体规划》和生态农业、生态工业、生态旅游、生态文化等专项子规划，所有 15 个乡镇（街道），先期共 80 个村编制了生态建设规划，形成了层次分明、相互配套、有分有合、规范有序的生态建设规划体系，生态建设有前瞻性蓝图和规范化依据；先后出台了《安吉县生态县建设实施意见》《生态县建设专项资金使用管理办法》等，为生态县建设提供了有力的制度保障；从乡村的环境综合整治入手，发动群众"扮靓"家园。同时建立生态公益林利益补偿机制，创造了"动钱不动山，利润再调节"的分配机制，不断完善农村环境保护体系。①

2002 年，习近平同志到浙江工作，在经过充分调查研究，全面了解省情的基础上，形成了推动浙江新一轮发展的新理念、新思路，而"八八战略"是中央精神和浙江实际相结合的省域治理思想的集大成，更是浙江各地区全面发展的总方略②。安吉生态立县战略布局以及围绕进行的更多工作，正是在这一环境下的产物，也是安吉县委、县政府高瞻远瞩，谋划全县发展和治理的智慧体现。要知道，安吉县的生态治理与美丽乡村建设，并不是一开始就受到社会和民众的积极支持的。为了加强政策执行力度，各乡镇都任命了专职人员抓生态治理和生态经济发展工作，环境治理和生态经济发展工作被列入县、乡两个文明建设考核目标，通过各种检查评比和奖惩措施狠抓落实。安吉以"中国美丽乡村"建设为载体，统筹城乡民生建设，打造全国

---

① 资料来源：2020 年 7 月课题组调研期间，安吉生态文明办提供的《持续推进生态文明建设全力打造践行"两山"理念实践"样板地、模范生"》等相关文件资料。

② 参见安吉县农业和农村工作办公室李健同志提供的汇报材料，即《"八八战略"指引安吉建设美丽乡村的生动实践》，2018 年 8 月 9 日。

新农村建设的个性化典型，构建了同类山区县科学发展的示范性模式。2008年2月，安吉印发《建设中国美丽乡村行动纲要》，并邀请浙江大学高标准编制《中国美丽乡村总体规划》，明确了"中国美丽乡村建设"的实施架构、评价标准、考核办法、奖励政策和长效管理机制，使"美丽乡村"建有方向、评有标准、管有办法，把新农村建设从一个方向性的概念具化为可操作的工作，并将生态文明的理念落实到新农村建设过程之中，继续保持生态建设走在全省乃至全国前列。①

2008年5月4日，为加快建设"中国美丽乡村"工作进程，在有关思想的指引下，安吉县新农村示范区建设工作领导小组出台了文件，即《安吉县建设"中国美丽乡村"考核指标与验收办法（试行）》，细化了中国美丽乡村评定原则、考核指标，申报、审核及评选程序，积分办法及奖励等一系列具体制度和规范，有效地保证了生态治理的个体和集体的行动激励，保证了集体行为的稳定有序推进②。"中国美丽乡村"考核指标共分4个方面、36项指标，实行百分制考核。36项指标中就有16项是直接关于生态治理的。比如，生态公益林保护率；经济林生态修复率；生态公墓及坟墓治理；河道、沟渠、水塘整治率；村庄建设规划及规划执行率；村庄道路硬化率；村庄绿化率；生产、生活垃圾处理率；生产、生活污水处理率；安全饮用水普及率；其中，长效管理机制及效果这一个指标，起着总揽和保证的

① 参见安吉新闻网2018年3月23日文章，《绿水青山 大美安吉——十年中国美丽乡村建设综述》，http：//ajnews. zjol. com. cn/ajnews/system/2018/03/23/030786073. shtml。
② 参见2008年5月4日安吉县省级社会主义新农村建设实验示范区工作领导小组文件，即《关于印发〈安吉县建设"中国美丽乡村"考核指标与验收办法（试行）〉的通知》。

作用，特别关注创建村在健全垃圾收集网络、保障垃圾处置经费、保持环境卫生整洁优美等方面的长效管理机制建设和执行情况。

2013 年，在中央和地方各级政府以及安吉县相关思想指导下，安吉县省级社会主义新农村建设实验示范区工作领导小组又出台文件，进一步细化基本原则、准入条件、考核指标、资金补助和奖励标准，申报、审核及验收程序等内容，强化了思想的指引力和制度的约束力。① 2017 年，中共安吉县委文件更进一步要求强化督查考核，健全绿色政绩督查考核机制，完善乡镇分类考核制度，强化绿色发展理念。强化领导督查、部门督查、代表委员督查、新闻媒体督查，形成大督查格局，加大考核力度，严格考核结果运用。②

政府的保护性职能可以增进社会秩序，并使个人、私人厂商和民间团体在面对无知时的协调任务变得容易，从而建立起对社会制度的信心。③ 15 年来，与生态治理与美丽乡村建设有关的系列制度，为安吉相关工作的顺利开展提供了秩序，为生态治理相关目标的实现提供了保障。在这场由安吉县委、县政府主导，各乡镇、乡村团结合作，全社会积极参与的生态治理和美丽乡村建设过程中，有效的治理架构的构建、相关组织的形成、相关制度的设计，以及整个社会对"绿水青山就是金山银山"理念的认同，并不断感受到遵循这一理念所走的路、所带来的实际收益，形成良性循环，都为安吉县生态治理 15 年奇迹提供了坚强保证。安吉县为打造美丽乡村，制定标准，是为激发

① 参见安吉县省级社会主义新农村建设实验示范区工作领导小组文件《安吉县建设"中国美丽乡村"精品示范村考核验收暂行办法》，2013 年 7 月 18 日。
② 参见浙江生态文明干部学院网站文章《推行生活方式绿色化 争当"两山"实践模范生》，2018 年 6 月 13 日。http://www.eczj.gov.cn/c120/20181202/i3633.html。
③ 参见陶一桃《全面依法治国中法治政府的定位与职责》，人民论坛网，2015 年 3 月 30 日，http://theory.rmlt.com.cn/2015/0330/379480.shtml。

各地创先争优，保证正常评价标准和社会秩序，是为政策目标成功实现提供行为空间与良好秩序。

四　强化民主保信任

生态环境是人类共有的资源，任何人都无法置身事外。生态文明建设需要政府、企业和广大人民群众生态责任意识的勃发。责任来源于信任，信任是一种社会关系或一种社会体制中为所有成员增进利益的创造者①。尤其是在当今的市场化氛围中，如果社会主体间缺乏起码的信任，那么社会责任必定是缺失的，作为公益性事业的生态环境建设也将无从谈起，建设生态文明必须唤起人们之间的足够信任。特别是，强化一种对政府的信任，是政府公信力建立，公共政策目标实现的保证。

安吉县所取得的成绩，是从老百姓最初对生态政策的反对与排斥，慢慢转变为对其予以大力支持的。安吉县"绿水青山就是金山银山"理念15年践行，实实在在做到保护生态环境安民，发展生态产业富民，根本在于安吉县委、县政府以及各乡镇、各乡村在执行相关政策时，不断赢得百姓信任和支持而实现。以安吉余村为例，矿山被强制关停、脱离"石头经济"之后，每年的村集体经济收入一下子缩水到不足原来的1/10，全村几乎半数村民失去从事多年的工作。安吉其他乡村，也面临着几乎类似的情形。最初安吉决定实行生态立县，提出转变发展方式，老百姓是极力反对的。只是后来在政府引导下，逐渐建立起相互信任，慢慢实现态度转变，而这一切的转变，必须基于安吉县委、县政府民主法治的工作方式、方法，安吉的生态治理现

---

① 参见［美］伯纳德·巴伯《信任：信任的逻辑与局限》，福建人民出版社1989年版，第22页。

代化也正是在民主法治的保障下实现的。

安吉一些地方通过民主决策关闭矿山一系列成功做法，吸引了习近平同志的注意。当年习近平同志作为浙江省委书记来到安吉余村，正是为调研安吉县的民主法治与发展建设情况。之后，余村从市级民主法治村跃升为省级民主法治村，后来成功创建国家级民主法治村。安吉其他地方的"民主法治村"创建工作也乘势而上，得到县委、县政府的重视，并把"民主法治村"创建工作纳入"中国美丽乡村"建设考核体系，充分调动了县、乡镇、村三级联创积极性，基层民主法治建设水平得到进一步提升，民主法治村建设成果在基层得到充分体现。民主法治村的创建，保证了政策在基层推行的顺利以及目标实现的效果，同时保证了乡村治理的有条不紊，有力促进了生态治理效能。

组织是动员偏见的工具，集中力量办大事是社会主义中国的传统制度优势，安吉充分认识并有效利用这一优势。尊重农民的主体地位，通过教育、宣传、培训强化农民的主体意识，充分激发农民群众主动性、创造性，实行民主决策、民主管理，促使他们自觉地投身到"中国美丽乡村"行动中来。全县上下达成高度共识，建立"政府主导、农民主体、社会参与"的投入机制，营造共建共享的强大合力和浓厚氛围。各乡镇、各村积极行动、全面发动，对建设"中国美丽乡村"抱以极大热情。在生态环境治理和生态文明建设方面，对居民进行全面教育，入脑入心。比如，在安吉县中小学，会专门设置生态文明相关课程。进入中小学上课，第一课必然是生态文明体验式教学课。而在小学四、五、六高年级，"绿水青山就是金山银山"理念和生态文明建设的理念直接作为日常教学活动进课堂。① 另外，安吉县

---

① 资料来源：2020 年 7 月 7 日课题组在安吉调研期间与有关部门人员座谈信息实录。

利用媒体加大对推进安吉绿色发展的宣传力度，不断提高公众的环境意识和参与程度，通过充分宣传，广泛动员，让民众了解安吉环境状况，全面提高生态意识，形成全民支持绿色发展、关心生态环境、参与环境保护、倡导绿色生活的良好氛围。形成人人参与、齐抓共管的好局面，减少了村干部管环境的工作压力，取得了实效。

美丽乡村建设也充分体现政府前期主导、群众自主参与、社会多方支持的共建共享原则，培养相互信任，促进合作，形成良性循环。比如，县政府设立"美丽乡村"专项资金，用于"美丽乡村"的创建工作。乡镇财政要逐年增加对新农村建设的投入力度，并通过村级集体经济的壮大、农民收入的提升，提高农民参与的积极性和可能性。还比如，通过集体山林的认养、田地的认种，或者 BT、BOT 的形式，通过市场化的手段拓宽资金渠道，通过村企结对、部门联村等形式，吸引社会资金参与美丽乡村建设，最终建立多方筹资、共建共享的投入机制。[①]

五 因地制宜推发展

安吉县的美丽乡村建设，一个基本的准则是因地制宜。2008 年 5 月 4 日的《安吉县建设"中国美丽乡村"考核指标与验收办法（试行）》就指出了"坚持因地制宜、分类指导、体现特色、突出重点、兼顾一般的原则"。[②] 安吉县始终强调充分发挥各乡镇、各乡村的主观能动性，充分挖掘潜能，因地制宜，以产业促生态，发展生态产业

---

① 资料来源：2020 年 7 月 7 日课题组在安吉调研期间与有关部门人员座谈信息实录。

② 参见 2008 年 5 月 4 日安吉县省级社会主义新农村建设实验示范区工作领导小组文件，即《关于印发〈安吉县建设"中国美丽乡村"考核指标与验收办法（试行）〉的通知》。

壮大集体经济，进一步推动生态治理，并且根据各地实际情况，做好生态治理工程与项目。各地因村而异，因势引导，分类指导，分层推进，分步实施，根据产业、村容村貌、生态特色、人本文化等不同类别，进行适当分类，每个类别中又错位建设，体现差异化、多元化，挖掘自身特色，充分彰显依山傍水、因势因地而建的生态环境特色，突出自然布局，融自然特色，注重个性，注重挖掘每个村庄的历史遗迹、风土人情、风俗习惯等人文元素，结合各自自然地理条件，体现村庄个性魅力，切忌千人一面。如"山水统里""竹木澎湖""休闲报福""田园洪家""十里景溪""石岭人家""古朴上张""民俗中张""生态汤口"等村，均给人以"十里不同景，人在画中游"的视觉冲击，体现"土洋结合、雅俗共赏"的效果。[①] 另外，生态治理需要大量经费，在乡村环境治理和提升质量方面，集体经济直接支撑了该村生态治理的可持续性，发展集体经济成为乡村工作的重要一环。实现"绿水青山就是金山银山"转化效应，是践行"绿水青山就是金山银山"理念的应有之义。在为壮大集体经济，促进农村产业兴村方面，各村充分结合自身实际，发挥比较优势。

比如，递铺街道古城村以"3+N"重点项目（"3"即安吉古城遗址公园、宋茗茶博园、茗静园。"N"即杭州宜家蔬菜坊、安吉梁山宝莱农业发展有限公司、安吉县石角康钱白茶合作社等）为核心，打破产业类型，全村统筹推进，成线、成片、成块，呈现立体式格局，推进已建成重点项目、特色项目的有机链接，形成以大带小、以点带线、以线带面的产业发展体系。古城村村级固定资产达 1.5 亿元，村集体收入从 2016 年 59 万元到 2019 年 267 万元，实现增长

---

① 资料来源：2020 年 7 月 7 日课题组在安吉调研期间与有关部门人员座谈信息实录，以及提供的文件资料。

352.5%。村集体经营性收入三年平均增长率 67.7%，总量和增幅均位居全县前列，实现了从"后进生"到"领跑者"的华丽转身。古城村村庄经营注重多方共赢和增收可持续性，探索、总结、提炼村集体经营的"古城四法"，即"自主式"开发、"商品式"出售、"老旧房"改造、"集资式"联建等做法，采取"公司带协会、合作社带村组、大户带散户"的模式培育村庄经营主体，丰富经营手段。①

还比如，距安吉县城 30 公里的彰吴镇，充分利用优良的生态资源和文化资源，打造具有比较优势的特色产业。彰吴镇因为境内彰吴溪而得名，彰吴溪自西向东北贯穿全境，两山夹峙，一水中流，风景秀丽。而这片相对偏安一隅、静谧的土地，孕育了以"诗书画印"四绝闻名艺坛的一代宗师吴昌硕，历史文化源远流长。吴昌硕故居成功申报联合国教科文组织亚太地区文化遗产保护奖，成为安吉县继"联合国人居奖"后获得的又一国际奖项。生态资源和文化资源的完美结合，在彰吴镇体现得淋漓尽致。彰吴镇坚持"生态立镇、文化强镇、旅游兴镇"发展战略，以打造"中国最美历史文化小镇"为目标，在青山绿水中发展出独具特色的产业经济，向世人充分证明了"绿水青山就是金山银山"这一真理性论断。彰吴镇结合旅游业发展，全力促进文化创意产业、健康养生产业、特色生态农业。吴昌硕艺术小镇、竹海右转等多个文旅项目，山屿海休闲疗养中心、纯氧民宿等一批精品项目相继完成。在全县率先举办山地马拉松赛，增加彰吴镇的知名度，宣传彰吴镇特色产品。围绕文化艺术与吴昌硕文化的一大亮点产业就是彰吴制扇业。彰吴镇特色制扇业已有 70 年历史，充分利用当地丰富的毛竹资源和昌硕故里深厚文化底蕴，将文化与经济有效

---

① 资料来源：2020 年 7 月 7—10 日课题组在安吉调研期间，递铺街道古城村干部提供的《古城村创建"乡村经营示范村"工作总结》等文件资料。

融合。不包括小作坊在内，彰吴镇注册的制扇企业 37 家，扇子年产量 3000 万把，占国内市场 1/3，年产值 2 亿元。精品扇远销海外。富裕了百姓，保持了绿水青山。2015 年彰吴镇被评为"中国最美历史文化小镇"，2017 年被评为中国森林文化小镇，2018 年 7 月被评为全国首批中国竹产业之乡，小城镇环境综合整治省级标杆、省级旅游风情小镇，2019 年入选全国森林康养基地试点建设乡镇，浙江省唯一。①

在孝源街道尚书干村，创造性地利用尚书文化，践行"绿水青山就是金山银山"理念，成为一个将生态保护与文化产业成分结合，并以老的集体经济促进集体经济发展的典范。尚书干村生态资源丰富，文化底蕴深厚，加上十几年来支部书记李锡良经营乡村有方，形成了明星村、明星书记效应。尚书干村从 2008 年前集体经济收入不到 8 万元，到至今年收入 170 多万元，凝聚了尚书干村支部书记等村干部的努力和心血，以及全体村民的支持和勤劳②。在美丽乡村创建中，推行党员行为公示制和党员服务责任区制度，村班子、党员战斗力显著提升，确保美丽乡村建设力量充足。同时设立党员责任田，全村党员每人认种一亩向日葵，经过几年的拓展，尚书葵花海成为浙北地区有名的旅游景点。尚书干村开拓建开心农场，开展文化活动，利用尚书干村在江浙沪的名气，吸引更多人来村旅游玩耍住宿，带孩子学习游乐。乡村振兴首先在于乡村经营，需要充分挖掘地域文化，形成特色和比较优势。尚书干村充分利用了这一点，做足文化引流工程，发

---

① 资料来源：2020 年 7 月 7—10 日，课题组调研期间彰吴镇党委政府办提供的有关彰吴镇的简介。

② 资料来源：2020 年 7 月 7—10 日课题组成员到孝源街道尚书干村调研时与村支部书记李锡良的座谈信息实录。

扬国学礼仪文化优势，利用尚书干村的关于尚书的传说和孝子郭巨的传说，并且充分利用生态资源，运用游客图吉祥寓意之心理，举办登状元山活动，登状元山，步步高升；尚书葵花开，金榜题名来等寓意深刻的送福活动，另外通过举办中小学国学培训暨乡村旅游，吸引更多游客光临，真正把文化变成品牌，把品牌变成礼仪，把礼仪变成收入，真正成为老百姓的金山银山。在支部书记李锡良带领下，尚书干村经过16年的精心经营，已经成为真正的明星村。村民富了，心情也好了，整个生活环境、生态环境和社会环境赢得了民众最美的称赞。以尚书干村为代表的安吉农村，普遍在强化村干部的乡村经营创新意识，因地制宜，经营乡村。

六 鼓励竞争促创新

安吉县的生态治理和美丽乡村建设，已经在各乡镇、各乡村之间形成竞争，形成了一种通过激励竞争促进制度创新的良好氛围。在安吉县设置的各种环境治理考评、长效保洁制度、垃圾分类严格检查制度、精品示范村创建等背景下，各主体已经形成相互学习并你追我赶的竞争态势。安吉各乡镇情况不一，生态治理与生态经济发展模式不一，但精神和目标是一致的。安吉县以考核结果为主抓手，而对各乡镇生态治理的具体方式、方法，留有一定自主空间，因而，能够形成一定的宽松氛围。在安吉各乡村，村支部书记兼具两种身份，即政治代理人与经济创新家。作为村支部书记，他们是中国共产党基层组织的负责人，坚决履行中央大政方针及浙江各级党委政府的决策，同时，他们身上肩负着带领村民发展致富，创造美好生活环境与生活质量重任的创新者。在安吉生态治理15年的时间里，涌现了一个个明星村书记。从很大程度上说，安吉县的生态治理，充分发挥了党和政府正式组织的功能，也充分激发了各地自治组织的灵活和创新功能。

村干部普遍认同，只有强大的集体经济做后盾，才能保证生态治理走在前列，才有实力美化环境。在保证绿水青山和金山银山的辩证关系上，安吉县各地区在不断寻求创新与突破，寻求经济发展优势。比如，面对土地空间配给的制约，一些乡村在很多红线规定范围内，采取土地置换，突破土地指标，做到生态环境和经济发展两方面兼顾。另一个途径就是安吉县人大充分发挥人民代表的力量，推动生态治理体制机制创新，比如重大载体搭建，深化载体，做好制度配套，保证生态治理和经济发展的稍微宽松的制度环境。在保持绿水青山的严格要求背景下，很多地方采取联片共享共建带动机制，创造经济发展机遇，比如，一村带动周边村，形成经济发展辐射效应。还比如，很多茶农在其他省份包种茶园创造经济收入。乡村经营是保证生态治理的经济基础，尤为考验基层干部的能力。集体经济好的村庄，生态环境治理，更有可能提质创新。因此，为了保证绿水青山和金山银山，安吉县对各村提出要求，在一村一品上做文章，充分挖掘文化资源，做强做大乡村旅游，为村民和集体经济创造寻找突破口，把握经济机遇。①

为激发基层创新，2012 年安吉率先在全省实施乡镇差异化考核，将全县 15 个乡镇（街道）分为 ABC 三类，A 类重点发展工业经济，C 类只发展休闲经济，B 类两者兼顾，科学合理设计考核体系，明确乡镇发展定位，引导乡镇根据不同类型走差异化发展路径，最大限度地激发乡镇发展活力。同年实施 BC 类乡镇生态建设示范项目考核，

---

①　资料来源：2020 年 7 月 7 日，课题组全体成员与安吉县相关部门座谈时的信息实录。

对自然资源禀赋好、生态环境优越的 BC 类乡镇，通过实施示范项目考核并以奖代补的方式，加大对西南片区乡镇的财政转移支付。2019 年年初制定《集中式饮用水源地生态保护奖补资金管理办法》，县财政每年安排 4500 万元用于集中式饮用水源地乡镇生态保护奖补。① 另外，为了推进争先创优，美化环境，促进生态治理，安吉县实行申报制度，以创建工作为抓手，加大村庄整体环境整治提升力度，不断优化村庄环境，创建成功之后各层级政府给予补助和奖励，或者以奖代补。比如，在美丽乡村建设中，通过美丽乡村精品村、美丽乡村精品示范村的创建，以及省级维度的浙江省美丽宜居示范村创建申报，引导和激发生态治理，促进生态环境优化。以安吉县孝丰镇溪南村为例，溪南村先后于 2005—2006 年度被评为无毒村；2011 年成功创建市级民主法治村、文化示范村、先进体育村，同年，成功创建"中国美丽乡村"精品村；2012 年被评为湖州市五星级农村社区服务中心；2013 年被评为市级森林村庄；2014 年被评为市级美丽乡村；2015 年完成全村污水整治工程；2016 年被评为市级文明村；2016 年建成全县首个村级党建馆；2018 年建设完成农村生活污水工程，全村 6 个自然村建有 50 个污水集中处理终端，2019 年申报创建浙江省美丽宜居示范村。② 可以说，通过激励措施，各乡村创新发展，一年上一个台阶。安吉各乡镇甚至各乡村，牢固树立竞争意识和品牌意识，积极借鉴其他地方的成功经验，提高经营能力和策划包装项目的能力，力求上品位、出精品，力争把自己的"美丽乡村"打造成全国品牌，实现

---

① 资料来源：安吉生态文明办提供的文件资料《安吉县"两山"理念实践创新基地建设情况汇报》。

② 资料来源：2020 年 7 月 7—10 日，课题组成员在安吉县孝丰镇溪南村调研时，该村干部提供的关于溪南村的介绍资料。

社会效益和经济效益的双赢。而安吉全县的生态治理现代化的成功经验，也正在形成强大品牌，为全国其他地区的生态文明建设，提供参考经验，为浙江省作为展现中国特色社会主义制度优越性的窗口作出更大的贡献。

第 五 章

安吉改革创新 15 年

安吉县作为"绿水青山就是金山银山"理念诞生地、中国美丽乡村发源地，坚定不移以"绿水青山就是金山银山"理念引领绿色发展、全面推进改革创新是其显著特征和根本标志。习近平总书记在浙江工作期间深入安吉考察调研，不仅充分肯定了安吉的"生态立县"战略及其具体实践，而且深刻剖析并指明了安吉发展的优势和方向。2005 年 8 月 15 日时任浙江省委书记的习近平同志在安吉余村首次提出"绿水青山就是金山银山"理念，既是对县域推进生态文明改革创新实践的理论概括，也进一步指导引领了全县之后的改革发展进程。源于安吉的中国美丽乡村建设品牌，是安吉贯彻落实"八八战略"、巩固提升"千万工程"、坚定践行"绿水青山就是金山银山"理念的改革创新成果，从美丽乡村到美丽中国的战略提升，再到美丽乡村建设国家标准的制定，体现了安吉先行先试、以改革促发展的示范引领作用。

坚定不移践行"绿水青山就是金山银山"理念是安吉彰显改革创新时代精神、解决发展中的难题、促进经济社会全面高质量发展的关键所在。安吉县以"绿水青山就是金山银山"理念引领美丽乡村建设、生态文明建设、绿色发展、基层治理等领域的改革创新，全力打造中国最美县域，全面展示"绿水青山就是金山银山"理念实践成效，为建设美丽中国提供了丰富经验。安吉县域改革创新、绿色发展的实践成效充分诠释了"绿水青山就是金山银山"理念的真理力量，充分体现了习近平生态文明思想的战略指导意义。

◇ 第一节　"绿水青山就是金山银山"理念引领县域改革创新的历史进程

一　第一阶段：生态启蒙阶段

从 2001 年"生态立县"战略确立至 2005 年"绿水青山就是金山银山"理念诞生于安吉余村。世纪之交，国家重要水体治理背景下太湖流域水生态环境治理，西苕溪污染防治倒逼县域产业结构、经济发展方式转变，安吉确立"生态立县"发展战略，关停淘汰重污染企业，着力改善农村人居环境，2003 年起结合"千万工程"持续推进"生态立县"战略实施。这一阶段习近平同志两次赴安吉调研，结合安吉改革创新实践指出"走经济生态化之路，安吉经济的发展才有出路"① （2003 年 4 月 9 日），首次提出了"绿水青山就是金山银山"

---

①　在本次安吉调研中，浙江省委书记习近平同志指出："推进生态建设，打造'绿色浙江'，像安吉这样生态环境良好的地方，要把抓特色产业和生态建设有机结合起来，深入实施'生态立县'发展战略，努力在全省率先基本实现现代化"，"安吉最好的资源是竹子，最大的优势是环境。只有依托丰富的竹子资源和良好的生态环境，变自然资源为经济资源，变环境优势为经济优势，走经济生态化之路，安吉经济的发展才有出路。"这些重要指示已经蕴含着"绿水青山就是金山银山"、要促进"绿水青山"向"金山银山"转化的思想观点，是对安吉发展基础和优势的科学分析，也是对安吉因地制宜发展生态经济、促进绿色转型发展的有力指导。关于本次调研的详细报道可进一步参考俞文明《习近平在安吉调研时强调"推进生态建设 打造'绿色浙江'"》，《浙江日报》2003 年 4 月 10 日第 1 版。

的科学论断① （2005 年 8 月 15 日）。"绿水青山就是金山银山"理念既是对安吉"生态立县"、转型发展的理论概括，也指导引领了安吉未来改革创新发展的实践方向。

二 第二阶段：重点领域改革开启阶段

2005 年至 2012 年在"绿水青山就是金山银山"理念引领下率先开始探索美丽乡村建设，持续促进产业绿色转型发展。2008 年安吉为巩固提升"千万工程"建设成果，首创美丽乡村建设载体，打造"千万工程"升级版。县域美丽乡村创建成为安吉践行"绿水青山就是金山银山"理念深入推进改革创新的着眼点和发力点，将"绿水青山就是金山银山"理念与新农村建设、乡村发展融合起来，做足美丽文章，从根本上改变了乡村面貌。2012 年党的十八大首次将建设"美丽中国"写入报告，是对安吉美丽乡村建设成效的充分肯定，这

---

① 本次安吉考察调研，习近平同志来到余村调研民主法治村建设，当得知余村为贯彻"生态立县"战略陆续关停矿山、水泥厂时，他深切关心村集体经济发展和村民收入问题，村干部汇报说为了还一片绿水青山，村里关停了矿山、水泥厂，虽然收入大不如从前，"但村里正在着力打造'竹海桃园——休闲余村'的品牌和农民朋友借景发财——开发'农家乐'"（参见陈毛应《希望安吉提供更多更好的经验——习近平同志在安吉考察侧记》，《今日安吉》2005 年 8 月 18 日第 1 版），此时的余村对自己的发展选择还没有充足的把握和信心，然而，习近平同志对余村的做法给予了高度评价，"你们下决心关停矿山就是'高明之举'，我们过去讲既要绿水青山，又要金山银山；实际上绿水青山就是金山银山"（根据余村电影院视频材料整理），"长三角有多少游客呀，安吉距杭州一个小时，距上海两个小时，生态旅游是一条康庄大道。当鱼和熊掌不能兼得的时候，要学会放弃，要知道选择，发展有多种多样，安吉在可持续发展的道路上走得对、走得好"（参见陈毛应《希望安吉提供更多更好的经验——习近平同志在安吉考察侧记》，《今日安吉》2005 年 8 月 18 日第 7 版）。本次调研结束后第 9 天，即 8 月 24 日习近平同志在《浙江日报》"之江新语"专栏发表"绿水青山也是金山银山"的理论文章，进一步深入阐释了"绿水青山就是金山银山"理念及其转化问题，详细内容可参考习近平《之江新语》，浙江人民出版社 2007 年版，第 153 页。

一战略提升体现了安吉地方实践经验的价值意义。

三　第三阶段：美丽品牌建设提升阶段

2012 年至 2018 年标准化规范化推进美丽品牌建设，"绿水青山就是金山银山"理念引领生态文明建设的实践示范效应充分彰显。2012 年安吉被授予中国第一个县域联合国人居奖；2013 年荣获中国首个"全国绿色治理者"奖；2015 年 6 月以安吉县为第一起草单位的《美丽乡村建设指南》经国家标准委员会发布施行，成为全国首个美丽乡村建设标准；同年 10 月浙江省委省政府批准安吉创建"绿水青山就是金山银山"实践示范县；2016 年被环保部列为"绿水青山就是金山银山"实践试点县；2017 年被环保部授予第一批"绿水青山就是金山银山"实践创新基地；同年 12 月安吉县《美丽县域建设指南》地方标准规范在余村发布；2018 年 8 月"绿水青山就是金山银山"发展指数研究成果及"绿水青山就是金山银山"发展百强县名单在安吉发布，安吉位列全国"绿水青山就是金山银山"发展百强县第一位，同年 12 月被授牌命名为国家生态文明建设示范县。

四　第四阶段：综合改革创新阶段

2019 年以来进入综合改革创新新阶段，浙江省委全面深化改革委员会印发《新时代浙江（安吉）县域践行"绿水青山就是金山银山"理念综合改革创新试验区总体方案》，依托"绿水青山就是金山银山"实践示范县创建、"绿水青山就是金山银山"实践试点县、"绿水青山就是金山银山"实践创新基地、国家生态文明建设示范县等省部、国家级平台载体，开创"绿水青山就是金山银山"理念实践、生态文明建设全面引领改革创新的新局面新境界，打造新时代人与自然和谐共生、和谐发展县域现代化新格局。2019 年蝉联全国"绿水青山就是金山银山"发展百强县第一位。2020 年 3 月 30 日习近平总书记在安吉考察发表重要讲话，为全县未来发展进一步指明了方向、坚定了信心，全县正以深入学习贯彻重要讲话精神为指引，高水平践行"绿水青山就是金山银山"理念、全面深化改革创新，厚植"重要窗口"①"示范样本"② 意识，为全国践行"绿水青山就是金山银山"理念推进改革发展提供更多经验、作出更大贡献。

◇ 第二节 "绿水青山就是金山银山"理念引领县域改革创新的主要做法及成效

一 以"生态立县"战略定力推进发展规划集成创新

安吉改革发展成效显著的最根本原因在于较早推进发展战略转型和规划创新。世纪之交，率先贯彻落实国家重要水体流域生态环境治理战略要求，确立"生态立县"发展战略，以生态环境保护与治理倒逼产业结构调整、发展方式变革。诞生于安吉的"绿水青山就是金山银山"理念不仅是对"生态立县"发展战略的理论概括和充分肯定，而且指导引领安吉形成了强大的战略定力，并将这一新发展理念始终

---

① 习近平总书记在浙江考察发表重要讲话，对浙江工作提出重要指示：要"努力成为新时代全面展示中国特色社会主义制度优越性的重要窗口"（参见习近平《统筹推进疫情防控和经济社会发展工作奋力实现今年经济社会发展目标任务》，《人民日报》2020 年 4 月 2 日第 1 版）。

② 湖州市第八届委员会第九次全体会议系统研究部署了成为新时代全面展示中国特色社会主义制度优越性重要窗口的示范样本工作。

贯穿于县域改革发展规划之中。

"生态立县"战略一以贯之。安吉始终坚持把生态环境建设放在与经济社会发展同等重要位置，自觉把生态理念贯穿于"五位一体"总体布局，认真践行"绿水青山就是金山银山"理念，坚定不移举生态旗、打生态牌、走生态路。虽几经县领导班子换届和岗位人员变动，"生态立县"战略从未动摇，县委、县政府主要领导始终担任生态县建设、美丽安吉建设等领导小组组长，每年亲自主持召开领导小组会议，研究重大事项、部署重点任务。连续四届县委、县政府换届不换方向，在不同时期创造不同载体，一届接着一届干，一任干给一任看，届届交叉不断线。从全国首个生态县，到全国首批生态文明奖，从全国生态文明建设试点，到全国"绿水青山就是金山银山"理念实践试点县，都是一张蓝图绘到底、一任接着一任干的成果体现。

发展规划集成创新不断深化。安吉突出规划先行引领功能和集成创新作用，围绕"生态立县"战略编制完成了《生态功能区规划》《主体功能区规划》《安吉县"中国美丽乡村"建设总体规划》《安吉县"绿水青山就是金山银山"理念实践示范纲要》《安吉县"绿水青山就是金山银山"理念实践示范县建设规划》《安吉国家生态文明建设示范县规划》《美丽县域建设规范》《中国最美县域建设规划》，调整完善了生态农业、生态工业、生态旅游、生态文化、生态人居、生态城市六项专项规划，构建了重点明晰、富有特色、充满活力、示范效应明显的高质量发展规划体系。

二　以"绿水青山就是金山银山"理念实践示范为标志推进改革试点创新

安吉县作为全国"绿水青山就是金山银山"理念实践试点县和全

省"绿水青山就是金山银山"理念实践示范县，加强"绿水青山就是金山银山"理念实践示范体系建设，深度培育实践示范成果，为全省全国践行"绿水青山就是金山银山"理念提供了先行示范经验。在美丽乡村建设基础上，提出中国最美县域建设目标，作为新时代开展"绿水青山就是金山银山"实践创新的工作总载体，全力发展安吉美丽事业，打造美丽县域安吉品牌。创新"绿水青山就是金山银山"建设工作推进体系，设立县委书记、县长为双组长的工作领导小组，明确县委、县政府、县人大、县政协等五位主要领导牵头推进美丽经济、美丽环境、美丽文化、美丽民生、美丽党建五个领域24个方面工作的领导责任和具体分工。完善"绿水青山就是金山银山"建设督查考核机制，设立县"绿水青山就是金山银山"办公室，充分发挥部门的统筹推进作用，对照"五个美丽"专项行动任务，列出项目清单、政策清单、服务清单等，明确责任、挂图作战；制订考核细则，开展定期督查，及时通报考核结果，并将其纳入部门"效能机关"和"提升效能创新奖"考核体系。

探索开展领导干部自然资源资产离任审计和自然资源资产负债表编制两项国家试点，率先在全国编制完成县域自然资源资产负债表，并通过专家评审验收，2017年年底安吉县领导干部自然资源资产离任审计实践做法被国家审计署作为深化体制机制改革成果上报至中央深改办。推进环评审批制度改革，全面推行建设项目环境影响登记表备案管理，进一步扩大项目环评豁免名录范围，按照《建设项目环境影响登记表备案管理办法》的有关规定，开始实行备案制。深化主要污染物排污权有偿使用和交易管理工作，开展第二轮排污权有偿使用与交易，在原有化学需氧量、二氧化硫两项污染物的基础上，新增氨氮、总磷、氮氧化物三项指标的有偿使用和交易，2017年共有21家新批企业、114 家原有企业重新申请第二轮缴费。2019 年省委全面深化改革委员会印发《新时代浙江（安吉）县域践行"绿水青山就是金山银山"理念综合改革创新试验区总体方案》，试验区建设标志着安吉全域践行"绿水青山就是金山银山"理念、全面深化改革创新进入新阶段。

三 秉持现代治理精神推进生态环境治理机制创新

创新开展生态文明建设"集中推进日"活动（现已开展 92 次），由县委书记带队赴乡村一线检查指导农村人居环境"百日提升"行动开展情况，培育形成了农村人居环境治理长效机制，持续提升农村人居环境质量。制定出台《企业环保诚信管理办法》《关于对违法排污行为适用行政拘留和追究党纪政纪处分的实施意见》《关于严格环保法律规章规避信贷风险的意见》。尝试与周边地区建立污染防治跨界协作工作机制，开展跨境联合执法行动。实施环境执法电子平台试点工作，实行行政处罚案件网上全过程操作。全面推进安吉经济开发区核心区"区域环评+环境标准"改革，积极向上对接区域环评开展情况，推进区域环评开展。全面实施以"减肥限药禁烧"为重点的农业面源污染治理，对库区、林地全面禁止使用草甘膦等灭生性茎叶处理除草剂。进一步加大县内转移支付力度，建立跨区域间生态补偿机制。

四 着力美丽品牌建设推进标准规范创新

从美丽乡村到美丽县域，探索制定美丽标准，为全国村域、县域美丽建设提供标准化、规范化参考。2015 年 6 月 1 日，由安吉县作为第一起草单位主导制定的《美丽乡村建设指南》（GB/T32000—2015）

经国家标准委员会发布施行，成为全国首个美丽乡村建设标准，标志着安吉美丽乡村地方标准上升为中国美丽乡村国家标准，此项标准以"一个中心、五个面、四十四个点"为总体架构形成了中国美丽乡村标准化建设体系，安吉成为中国美丽乡村建设国标和省标第一起草单位、中国首个美丽乡村标准化示范县。2016年提出把"安吉建设成为中国最美县域"的奋斗目标，2017年安吉县出台了中国最美县域五年行动计划，《美丽县域建设指南》地方标准规范在余村发布，该《指南》由浙江省标准化研究院、安吉县中国美丽乡村标准化研究中心共同起草，安吉县委、县政府发布，于2018年1月1日起正式实施，该地方标准规范不仅为安吉县美丽县域建设提供了规范性指导，同时也为全省乃至全国范围内美丽县域建设提供了借鉴和参考。2020年9月，《美丽乡村建设指南》国家标准在众多高精尖技术标准和国际标准中脱颖而出，获2020年中国标准创新贡献奖三等奖，这是全部获奖项目中唯一一个农村公共服务领域国家标准创新贡献奖，实现了浙江省在农村公共服务领域国家标准创新贡献奖上零的突破。近年来，安吉县在"国家级美丽乡村标准化示范县"创建、农村综合改革美丽乡村标准化试点、新型城镇化标准化试点建设过程中，制定了60余项各级标准，构建了美丽乡村、新型城镇化、美丽县域三级标准体系，美丽标准升华延伸了美丽品牌建设的境界内涵。

五 以市场化改革为抓手推进生态产品价值实现机制创新

出台了自然资源资产保护与利用绩效评价办法，开展生活方式绿色化行动。深化资源要素配置市场化改革，实行差别化电价、水价、地价政策，建立饮用水源地保护生态补偿、排污权有偿使用和交易等制度，与长兴县建立了上下游生态补偿机制、开展了林权抵押制度创新、探索建立了农村集体土地入市办法等。2012 年起制定《安吉县生态文明示范建设实施方案》，并配套《安吉县生态文明示范建设考核办法》，每年安排 2000 万元奖补生态文明示范建设项目，提高乡镇和部门生态文明建设积极性。2019 年借力新时代县域践行"绿水青山就是金山银山"理念综合改革创新试验区建设，开展"绿水青山就是金山银山"银行试点工作，2020 年 4 月 27 日，安吉县政府印发《"绿水青山就是金山银山"银行试点实施方案》，"探索'绿水青山就是金山银山'转化新通道，拓宽生态资源变资产资本的转换途径，加快构建生态产品价值高水平实现机制"①，推进生态产品价值实现机制创新。"绿水青山就是金山银山"银行的目标资源是全县范围内的山、水、林、田、湖、草等自然资源以及适合集中经营的农村宅基地、集体经营性用地、农房等，重在打造绿色产业与分散零碎的生态资源资产之间的中介平台和服务体系，促进闲置资源的高水平整合管理、高效市场对接经营，有效盘活、整体提升各类资源要素融合发展价值，拓宽生态资源变资产资本的转换途径，深层次推进生态资源价值转化。

六 强化绿色发展目标责任推进差异化考核创新

坚持生态优先理念，在全国率先探索实施"绿色 GDP"考核，对基层实施差别化考核，按不同乡镇功能定位，分为 A、B、C、D 四类，加大 BC 类乡镇生态文明考核比重，淡化财政收入、工业经济等指标考核，最大限度的激发了乡镇发展活力。此外，通过实施 BC 类

① 关于《"绿水青山就是金山银山银行"试点实施方案》的相关解读可参考李凤、胡盛东、沈斐然《存入绿水青山 取出金山银山——浙江安吉试点"绿水青山就是金山银山银行"促进绿水青山就是金山银山转化》，《中国自然资源报》2020 年 5 月 12 日。

乡镇生态文明建设示范项目和饮用水源地生态补偿考核，实现财政资金转移支付。推行生态责任审计、生态补偿和转移支付，在全市率先出台生态文明示范建设考核办法、乡镇交界断面考核办法等，制定实施乡镇生态责任审计工作办法，通过考核导向引导绿色发展。

◇ 第三节 "绿水青山就是金山银山"理念引领县域改革创新的主要经验

一 "绿水青山就是金山银山"理念是持续推进县域改革创新的根本指引

安吉县改革发展的历程、实践成效生动而深刻地诠释了"绿水青山就是金山银山"理念蕴含的时代逻辑和发展逻辑，持续推进改革创新、实现高质量发展是安吉县域践行"绿水青山就是金山银山"理念的最显著特征。诞生于安吉的"绿水青山就是金山银山"理念出发点就是以改革创新精神处理好"发展与保护"两者的关系，解决经济社会发展进程中的资源、环境、生态问题，进而从根本上变革经济社会发展方式。"人与自然和谐共生、和谐发展"的价值理念，"在保护中发展、在发展中保护"的辩证逻辑，"生态优先、绿色发展"的价值选择，成为安吉践行"绿水青山就是金山银山"新发展理念、持续推进改革创新的重要价值引领。安吉改革发展实践充分证明，"绿水青山就是金山银山"理念是引领生态文明建设，以生态文明全面提升社会文明水平的精神力量、价值观念、行动指南，只有保护好生态环境、护美绿水青山，才能创造更优质的可持续的金山银山；只有推进生态效益向经济效益、社会效益转化，才能促进经济社会高质量发展和人的全面发展。

二　美丽品牌建设是持续推进县域改革创新的重要载体

在"绿水青山就是金山银山"理念引领下"千万工程"得到巩固提升，安吉率先在县域范围内开展美丽乡村建设，将美丽乡村建设作为改革创新的着力点，成为中国美丽乡村发源地，制定全国首个美丽乡村建设国家标准。在美丽乡村建设覆盖率 100% 基础上，探索推进美丽乡村、美丽城镇、美丽城市"三美同步"建设，释放美丽乡村建设品牌示范效应和牵引作用，促进城乡融合发展、城乡一体化，提出建设中国最美县域奋斗目标，出台中国最美县域建设五年行动计划，制定《美丽县域建设指南》《美丽县域建设规范》等地方标准规范。从美丽乡村到美丽县域，安吉县美丽品牌建设从乡村区域向全县域拓展，为美丽中国建设提供了县域样板。2019 年省委、省政府推进新时代安吉县域践行"绿水青山就是金山银山"理念试验区建设，由 31 个项目构成的政策支持体系，不仅强有力支撑了安吉最美县域建设，延伸了全域美丽内涵，而且也对安吉深化"绿水青山就是金山银山"实践、持续提升改革创新能力水平提出了更高要求。

三　因地制宜彰显优势促进绿色发展是持续推进县域改革创新的关键领域

"绿水青山就是金山银山"理念作为新发展理念的重要组成部分，直接体现为绿色发展理念，就其实践而言在于形成绿色发展方式，构建资源全面节约高效利用、生态环境保护优先的空间格局、产业结构、生产方式、生活方式，主要包括金山银山（经济社会发展）的绿色化和绿水青山（生态环境资源优势）转化为经济社会发展优势。安吉因地制宜利用自身良好生态环境优势，坚持产业融合发展导向，形成了具有地方特色、符合县域实际的"1+2+3"绿色产业体系，"1"即健康休闲一大优势产业，"2"即绿色家居、高端装备制造两大主导产业，"3"即信息经济、通用航空、现代物流三大新兴产业。全县一产"接二连三"，二产转型升级，三产高端提升，形成了以休闲观光农业为基础，以白茶产业和椅、竹两大传统产业以及新兴产业为支撑，以休闲旅游业为主导的现代产业体系。自然资本撬动人造资本、人力资本，三者有机贯通，推动了生态效益向经济效益、社会效益高质量转化。

四 激发基层群众创造力是持续推进县域改革创新的强大社会基础

"绿水青山就是金山银山"理念引领改革发展关键在人、关键在行动。安吉践行"绿水青山就是金山银山"理念、不断提升美丽品牌建设、推进综合改革创新的最重要经验就是发挥基层党建引领作用，充分调动了基层群众积极参与，赢得了广大群众广泛支持，激发了人民群众实践创造力。人民群众是历史的创造者，是改革发展的价值主体，依靠人民群众实践智慧和创新能力才能成为践行"绿水青山就是金山银山"理念样板地模范生，以"八个村"① 为标志的"余村经

---

① "八个村"指支部带村、发展强村、民主管村、依法治村、道德润村、生态美村、平安护村、清廉正村。近年来，余村全面践行"绿水青山就是金山银山"理念，将其融入美丽乡村建设经营各领域、各环节，特别是乡村治理的改革创新探索上，推进自治、法治、德治"三治融合"，形成了"八个村"为标志的现代乡村治理体系。2020年3月30日习近平总书记"再访余村"，希望余村"要在推动乡村全面振兴上下更大功夫，推动乡村经济、乡村法治、乡村文化、乡村治理、乡村生态、乡村党建全面强起来"，"六个全面强起来"新要求与"八个村"的"余村经验"之间的逻辑关联及其实践路径需要我们深入思考研究。

验"、鲁家村全国首个"田园综合体"经营模式、高禹村"五个所有"① 乡村治理经验、横溪坞村"零垃圾村""垃圾不出村"的垃圾资源化减量化无害化处理经验、潴口溪村等"多村联创"景区村庄的美丽乡村经营经验②，都充分证明了依靠基层群众推进实践创新的重要性，只有依靠群众共建共治共享才能实现以人民为中心的发展，体

---

① 天子湖镇高禹村结合村情，以村级事务管理为抓手创新乡村治理模式，形成了"五个所有"的做法经验：一是"所有决策村民定"，村党委领导下村级事务村民定，提升村民自我调解、自主解决问题能力。二是"所有决定都签字"，一事一议，签字为证，信守承诺。三是"所有讨论可参与"，协商民主，众人的事众人商量。四是"所有干部不碰钱"，实行支票制或网银支付，不能代领代收，防止村干部出现廉政问题，用制度管干部。五是"所有财务都公开"，每周一集体审批，周五集中支付，并及时通过电视等平台向村民公开财务收支情况，真正让村民信任放心，此项"所有"现已上升为"所有村务都公开"。

② 2020年安吉县推进"三村示范"（即美丽乡村精品示范村、经营示范村、治理示范村）创建工作，成为县域改革创新的又一亮点特色，本年度全县将创建美丽乡村精品示范村7个、经营示范村14个、治理示范村15个。截至目前，通过发挥"三村示范"创建引领效应，已成功吸引工商资本项目25个，预计投资总额7.2亿元，并新增村集体经营性收入2415万元。"三村示范"创建，有效丰富了创建村的经营理念，推动了乡村自我造血能力持续提升。近年来，安吉重视美丽乡村建设基础上的美丽乡村经营模式改革创新，涌现出一批美丽乡村经营示范村典范，通过优质项目引入、公共基础设施及服务提升，增强了村集体经济、拓宽了村民增收致富渠道，有力推进乡村全面振兴。如：山川乡高家堂村是2020年全县14个乡村经营示范村创建村之一，今年该村依托新晋"网红打卡地"云上草原，启动了仙龙湖环境提升、张家堂新区环境提升、东舍线建设、停车场规范管理、生活污水治理提升等多个项目，让乡村经营更具活力。溪龙乡新丰村也是美丽乡村建设和经营的佼佼者，借助村内得天独厚的水资源，早先通过挖水塘、贯通水系，不仅让死水变活，美了环境，也让村里多了一条3.5公里长的"内河道"，如今新丰西苕溪滨水休闲带正如火如荼建设，村里要在"河道"上修建不同风格的桥和各具特色的游船码头，把农事体验、亲子游戏等元素融进每一个节点。天荒坪镇五鹤村深化乡村治理"余村经验"，率先推出村级"掌上矛调"，通过"五鹤慧生活"APP，让村民能议事、能发声，也能在线上帮助村民解决大小生活问题。孝丰镇横溪坞村通过长期探索实践，形成了矛盾不出村、垃圾不出村、办事不出村、创业不出村"四个不出村"乡村治理模式，并通过数字乡村建设进一步提升乡村治理水平。相关做法经验介绍可进一步参考安吉县人民政府网站"安吉动态"栏目《"三村示范"绘出美丽乡村好风景》。

现了中国特色社会主义制度优越性。

安吉坚持"生态立县"战略不动摇，作为全国首个生态县，创建中国美丽乡村品牌、全省"绿水青山就是金山银山"理念实践示范县、全国"绿水青山就是金山银山"理念实践试点县和实践创新基地、国家生态文明建设示范县，开展新时代浙江（安吉）县域践行"绿水青山就是金山银山"理念综合改革创新试验区建设，这一系列改革创新的机遇平台共同助推了安吉县域跨越式内涵式高质量发展。对照习近平总书记2020年考察浙江时赋予浙江"努力成为新时代全面展示中国特色社会主义制度优越性的重要窗口"①的新目标新定位、"要践行'绿水青山就是金山银山'发展理念，推进浙江生态文明建设迈上新台阶，把绿水青山建得更美，把金山银山做得更大，让绿色成为浙江发展最动人的色彩"②的新要求新期望；对照浙江省委努力建设重要窗口的决策部署、湖州市委努力成为重要窗口示范样本的决策部署，安吉践行"绿水青山就是金山银山"理念深化改革创新仍需探索解决的主要问题如下：

充分利用"绿水青山就是金山银山"理念综合改革创新试验区建设机遇和政策支持，全力促进"绿水青山就是金山银山"理念实践效益最大化，全面提升美丽县域建设质量水平，推进美丽县域地方标准上升为国家标准，打造全国领先的"绿水青山就是金山银山"理念引领改革创新发展样板；深入探索县域内和跨行政区域的现代生态环境治理机制、生态协作和利益补偿机制，协同提升生态环境质量、增进

---

① 习近平：《统筹推进疫情防控和经济社会发展工作 奋力实现今年经济社会发展目标任务》，《人民日报》2020年4月2日第1版。

② 习近平：《统筹推进疫情防控和经济社会发展工作奋力实现今年经济社会发展目标任务》，《人民日报》2020年4月2日第4版。

优质生态产品供给；探索全域美丽版图下生态产品价值实现一体化机制，推进全域生态资源更高效转化；加强生态环境基础设施建设，丰富生态经济业态、提升生态产业竞争力；以美丽乡村经营牵动全域美丽经营，增进城乡统筹融合发展后劲。

◇◇ 第四节 "绿水青山就是金山银山"理念引领县域改革创新的对策建议

一 "一品牌""双示范"协同共建、一体推进，打造新时代县域践行"绿水青山就是金山银山"理念综合改革创新示范区，成为"人与自然和谐共生、生态文明高度发达"重要窗口的示范样本

全面高水平构建由美丽经济、美丽环境、美丽文化、美丽民生、美丽党建"五个美丽"构成的美丽安吉建设体系；深化美丽县域品牌建设，推进安吉《美丽县域建设指南》《美丽县域建设规范》上升为国家标准规范。充分利用和发挥好省发改委、省科技厅等 30 个省级部门支持"新时代浙江（安吉）县域践行'绿水青山就是金山银山'理念综合改革创新试验区"建设的 31 项政策资源优势，高质量打造"绿水青山就是金山银山"理念实践示范体系、生态文明建设示范体系，实现"四区一地"（绿色发展示范区、生态文明模范区、城乡统筹样板区、美丽乡村引领区、美好生活向往地）建设目标，使安吉成为"绿水青山就是金山银山"理念引领生态文明建设、深入推进综合改革创新、全面促进经济社会高质量发展的示范样本，形成具有中国气派、浙江特色、安吉辨识度的改革创新标志性成果。

二 完善现代生态环境治理体系，全力打好生态环境巩固提升持久战，全面提升生态环境质量

统筹推进山水林田湖草系统治理，发挥河长制、湖长制、林长制等协同治理效应，全面提升县域生态环境质量，完善健全生态治理政策制度、体制机制，培育形成全形态治理、全范围保护、全县域统筹的生态治理格局。坚持全链条防控、全形态治理、全地域保护，深入实施蓝天、碧水、净土、清废等行动，同步推进生态保护和生态修复，率先构建全国领先的现代高效生态环境治理体系，确保县域生态环境质量稳居长三角城市群、杭州都市圈前列，让安吉成为令人向往的长三角中心花园核心区。完善生态环境损害赔偿制度，构建以排污许可制为核心的固定污染源监管制度体系，深化污染防治区域联动机制，完善上下游生态协作和利益补偿机制，健全治水治气治土治废长效机制。深入开展"垃圾革命"，推进生活垃圾源头减量、精准分类和资源化利用。探索建立县域生态环境治理大数据平台，推进自然资源和生态环境统一在线调查、评价、监测，实现全域生态环境治理全程数字化、全面智慧化。

三 强化"三个资本"深度融合，创新生态产品价值实现机制，推进全域生态资源整体规划、统筹协调、高效转化

遵循自然规律与经济社会发展规律相统一，坚持推进自然资本、人造资本、人力资本有机结合、相互支撑、融合发展的理念思路，运用自然资本禀赋吸引吸纳人造资本、人力资本投入，人造资本和人力资本持续为自然资本赋能，促进生态环境保护与治理、改善生态环境

基础设施、提升生态产品经营管理能力。学习借鉴丽水等地生态产品价值实现机制试点经验，结合县域生态资源、生态产业实际，重点建设好"绿水青山就是金山银山银行"、生态资源运营管理平台，把全县范围内的生态资源整合起来，实现整体规划、统筹协调、价值提升、化零为整、形成规模优势，吸引人造资本、人力资本进入，提升生态产品经营管理水平，形成生态资源清单、产权清单、项目清单和保护、开发、监管全过程工作机制。进一步创新绿色考核机制，在绿色 GDP 考核、乡镇分类差异化考核的基础上，探索运用生态系统生产总值（GEP）测算考核机制，分类评价、整体激励乡镇推进生态产品价值实现工作能力水平。

四　以"六个强起来"推动乡村全面振兴，争创中国特色社会主义乡村振兴先行示范县

深入贯彻落实习近平总书记考察余村时提出的"要在推动乡村全面振兴上下更大功夫，推动乡村经济、乡村法治、乡村文化、乡村治理、乡村生态、乡村党建全面强起来，让乡亲们的生活芝麻开花节节高"[①] 精神要求，全县域推广运用"八个村"为标志的"余村经验"，深化"千万工程"，加快推进"两进两回"[②]，高水平打造美丽乡村升级版，建设新时代美丽乡村样板村，确保乡村全面振兴始终走在前列、为全国示范。大力推动乡村产业振兴，促进生态高效农业、健康休闲、乡村旅游、农村电商、农产品加工等产业融合发展，确保农民致富增收走在前列、农村集体经济不断壮大。加快数字乡村、数字治

---

① 习近平：《统筹推进疫情防控和经济社会发展工作奋力实现今年经济社会发展目标任务》，《人民日报》2020 年 4 月 2 日第 1 版。

② "两进"指科技、资金进村；"两回"指青年、乡贤回村。

理建设，推进优质公共服务向农村延伸，提高农村教育、医疗、养老以及用电、用水、网络等服务供给水平。探索建立进城落户农民依法自愿有偿转让退出农村权益和农村各类产权盘活制度，努力打破制约城乡融合发展的体制机制障碍。运用好全国首个集体经营性农业"标准地"改革经验，深化农村集体产权制度改革；推动集体经营性建设用地入市，优化土地资源要素配置；深化农村宅基地改革，推进承包地"三权分置"，盘活利用农村闲置宅基地和农房。

安吉县改革发展的历史进程和实践成效证明，"绿水青山就是金山银山"理念不仅是引领县域开创生态文明新时代的重要价值理念，也是促进县域全面深化改革、推动经济社会绿色转型发展、走可持续发展之路的重要思想指引。安吉践行"绿水青山就是金山银山"新发展理念推进县域改革创新的实践经验具有重要时代价值和示范意义，为全国其他市县提供了可参考、可借鉴的做法模式。立足国家"十四五"规划和2035年远景目标，扎实推进新时代县域践行"绿水青山就是金山银山"理念综合改革创新试验区建设，努力成为新时代县域践行"绿水青山就是金山银山"理念综合改革创新示范区（县），担当好"新时代全面展示中国特色社会主义制度优越性重要窗口"的使命责任，是安吉持续推进县域改革创新、促进经济社会高质量发展的必然选择和历史趋势。

第 六 章

安吉乡村治理 15 年

众所周知，乡村治理是社会治理的基本单元，是国家治理体系和治理能力现代化的重要组成部分，也是新时代乡村振兴战略的重要内容。乡村治理作为国家治理体系和治理能力现代化的基石，直接关系到国家长治久安和社会稳定的政治大局。党的十九大对乡村治理工作做出重要部署，提出要健全自治、法治、德治相结合的乡村治理体系。在乡村治理和基层治理方面，安吉县经过 15 年来持续地创新和试点工作，取得了丰硕的成效和业绩。如今，安吉已成为我国乡村治理的标杆地、示范地，尤其是"余村经验"和"社会矛盾纠纷调处化解中心"实践均得到了中央主要领导和相关部门的肯定。本章全面梳理安吉县乡村治理 15 年来的主要概况，详细介绍了安吉乡村治理的制度建设情况，以及乡村治理的"余村经验"和"社会矛盾纠纷调处化解中心"等典型案例，剖析了这些基层治理的具体做法、主要经验和效果。最后，针对安吉县乡村治理和基层治理现代化路径提出了若干政策建议。

◇◇ 第一节 安吉乡村治理 15 年总体概况

作为"绿水青山就是金山银山"重要理念诞生地，安吉县始终坚持打造平安县域、护航"绿水青山就是金山银山"发展。安吉县乡村治理工作一直走在全省乃至全国前列。2004 年，该县就启动民主法治村创建，2014 年，又将其列入"中国美丽乡村"精品示范村的创建考核体系。2017 年 1 月 6 日，发布全国首个基层民主法治建设地方标准规范《美丽乡村民主法治建设规范》，从范围、规范性引用文件、术语和定义等 9 个方面对标准进行了解释，并列出了基本要求、民主建设、法治建设和社会发展 4 条评定办法。2018 年，安吉县继承发展"枫桥经验"形成了乡村治理"余村经验"，并在"余村经验"的基础上，编制了安吉县地方标准规范《乡村治理工作规范》。2019 年，全县县级及乡镇（街道）的社会矛盾纠纷调处化解中心基本建成，成为化解基层社会矛盾纠纷的重要平台。

通过历年来的努力，2013 年、2017 年，安吉县两次被中央综治委评为全国平安建设先进县；连续 14 年蝉联浙江省"平安县"，成为浙江省首批夺取平安金鼎地区；2019 年成功入选为"全国乡村治理体系建设试点县"。当前，安吉县已构建了"党委领导、政府负责、社会协同、公众参与、法治保障"的基层治理新格局，基层治理的社会化、法治化、智能化、专业化水平明显提升，人民群众的获得感、幸福感、安全感稳步攀升，基层（乡村）治理工作已经自主向现代化迈进。总体上看，安吉县乡村治理成效具有以下四个方面特点：

一是民主法治深入人心。出台《美丽乡村民主法治建设规范》和《乡村治理工作规范》等标准规范。全县民主法治村创建覆盖面达到 100%，其中县级"民主法治村"实现全覆盖，市级"民主法治示范村（社区）"168 个，省级"民主法治村"14 个，全国"民主法治示范村"2 个。村规民约制定全面铺开，村级组织重大事项决策程序日益规范，村民自我管理、自我服务、自我教育、自我监督的意识不断增强。地方特色、文化传统与法治建设实现"三融合"，打造出安吉县法治文化建设"一村一品"品牌，并通过开展法治文艺演出、法治文化创作大赛、知识竞赛、法治巡展等寓教于乐的法治文化活动，使法治理念入心入脑。

二是治理体系日趋完善。全面推行全科网格建设，组成以 505 名全科网格员为核心的作战团队，通过巡查走访、信息流转，将大多数矛盾纠纷、安全隐患解决在基层，消除在萌芽。按照"专群结合、以专带群"的群防群治工作方针，组建 50 余种不同类型且专兼结合的群防群治队伍（最有代表性的是平安家园卫队，共 740 支，6626 人，在基层社会治理中发挥出重要作用），招募平安志愿者 37440 人，积极组织引导志愿者积极参与平安建设，有效弥补警力不足、渗透不深、触角不广的局限性，筑牢了群众广泛参与的平安防线。大力推进社会矛盾纠纷调处化解中心建设，2019 年全县已建成 1 个（县级）中心+15 个分中心（乡镇街道）的矛盾调解组织架构。与此同时，推进其他多元化解平台建设，实现调解、诉讼、信访、仲裁、行政复议等多种纠纷解决方式的无缝对接，通过信息化手段促进线上、线下矛盾纠纷解决，真正实现了人民群众足不出户，矛盾纠纷指尖化解。

三是治理手段多元创新。全县高标准建立 1 个县级社会治理指挥中心、15 个乡镇（街道）、208 个村（社区）的综合指挥室，对各类事件进行监测监控、信息报告、综合研判、指挥调度、移动应急指挥等功能，实现了多部门、多层次的统一指挥、联合行动，实现各类情报信息"统一受理、集中梳理、分流办理"，确保各类矛盾纠纷、排查的各类风险隐患都能得到及时第一时间处置化解。大力推动视频监控系统联网建设及视频图像信息整合与共享工作，全县推广"村居雪亮工程"，不断拓展打造"物联网辖区"，实现"人在千里外，警情一键报"，治安防控"全覆盖、无死角"，有效解决了人民群众安全感"最后一公里"问题。

四是管理体系实现闭环。严格落实县领导"六联"机制和部门乡镇（街道）联系共建制度，县四套班子成员定期到联系乡镇、联系村走访调研，掌握基层治理建设情况。各部门立足自身职责加强联系乡镇（街道）、村的工作指导，发挥自身优势强化资源要素支持，做好协同配合，形成基层治理工作的强大合力。建立党政领导班子和领导干部的实绩考核制度，将考核结果作为选拔任用领导干部的重要依据。通过自上而下层层压实基层治理的主体责任，确保了基层治理各项措施真正落地见效。

◇ 第二节　安吉乡村治理的制度建设

乡村治理的成败关键在于与乡村治理相关的制度建设是否及时跟进，以及相关制度规范能否切实发挥作用。安吉县历来重视乡村治理的制度建设，先后发布了《美丽乡村建设规范》《美丽乡村民主法治建设规范》和《乡村治理工作规范》等县级地方标准规范，通过乡村治理的标准化来推进基层治理能力现代化，实现事务治理的制度化、规范化、程序化。

一　美丽乡村民主法治建设规范

早在2004年，安吉县已开始考虑乡村的民主法治制度构建问题，当时，安吉下发了《安吉县民主法治村（社区）创建实施意见》，以此推进全县的民主法治村建设工作。2016年安吉县司法局与中国计量大学通力合作，就创建地方标准的制定开展了深入调研。历时近一年的调研、起草，最终完成全国首个民主法治村创建县级地方标准《美丽乡村民主法治建设规范》以下简称《规范》，以标准的形式规范指导全域农村民主法治建设，从而实现农村民主法治建设的规范化管理。① 2017 年 1 月，安吉发布了该《规范》。《规范》主要涉及村组织机构、各项制度是否健全，村两委班子、村民的民主法治意识是否建立，依法自治、民主管理是否规范等内容。指标共分民主法治建设基本要求、民主建设、法治建设和社会法治 4 项一级指标，并细分为 15 项二级指标。

2017 年 6 月，《规范》的市级标准成功立项，经过面向 26 家市级部门和各县区征求意见，最终成功通过专家评审，于同年 11 月 30 日正式对外发布。市级标准的《规范》共分 6 项一级指标，并细化到 22 项二级指标、129 项三级指标。规范以"绿水青山就是金山银山"的科学论断为引领，将生态文明贯穿到《规范》制定的全过程，确定了美丽乡村民主法治建设的基本原则、基本要求、民主建设、法治建设、社会治理、经济建设管理与公共服务、生态环境和考核评定等内容，涉及村组织机构、人员、场地设施、制度是否健全，村"两委"班子、村民民主法治意识是否建立，依法自治、民主建设是否规范，法治宣传活动是否开展及其成效，法治文化阵地是否建立及其作用发挥，法律服务保障是否到位，村庄整体和谐发展情况等。②

① 杨君左、阮露云等：《安吉实施全国首个〈美丽乡村民主法治建设规范〉》，2017 年 2 月 14 日，浙江在线，https：//zjnews. zjol. com. cn/zjnews/hznews/201702/t20170214_ 3087328. shtml。

② 杨一凡：《湖州发布全国首个市级〈美丽乡村民主法治建设规范〉》，浙江融媒体，2017 年 12 月 1 日，https：//baijiahao. baidu. com/s？ id＝1585537859006644161&wfr＝spider&for＝pc。

《规范》明确了美丽乡村民主法治的概念界定，它是指在美丽乡村建设过程中，保证村民依法实行民主选举、民主协商、民主决策、民主管理和民主监督，村民当家作主权利得到有效落实，使得村民运用法治思维和法治方式解决问题的能力不断提升，形成遵法、学法、守法、用法的良好法治氛围。

《规范》强调美丽乡村民主法治建设的基本原则是：坚持"绿水青山就是金山银山"理念；坚持党的领导、人民当家作主、依法治村有机统一；坚持自治、法治、德治相结合；坚持以人民为中心；坚持从本地实际出发。此外，《规范》还设定了美丽乡村民主法治建设的基本要求，除了对美丽乡村民主法治建设的组织机构、人员组成等有具体的要求外，还对场地与设施、制度建设、工作要求及其他要求等方面都予以进一步明确和规范。

总之，安吉县级标准的《美丽乡村民主法治建设规范》发布实施，将以安吉余村为代表的民主法治村创建经验、成果进行标准转化和推广，探索民主法治村创建的"安吉模式"。而市级标准的《规范》则试图将湖州农村基层社会治理的成功经验，以标准化理念引领农村民主法治建设，加强农村基层社会治理领域的标准化探索，将有力展现湖州市美丽乡村民主法治建设的独特魅力，在全国范围树立起农村民主法治建设标准化的"湖州样本"。

二　乡村治理工作规范

为了进一步促进乡村治理工作的规范化及制度化，由安吉县委政法委员会牵头，联合安吉县委、县政府农业和农村工作办公室、安吉县中国美丽乡村标准化研究中心、安吉县司法局、安吉县民政局、安吉县委党校、浙江省标准化研究院等单位，起草了地方标准规范《乡村治理工作规范》，并于 2018 年 8 月 11 日正式发布，同年 9 月 10 日起实施。该标准规范内容涵盖"总体要求""支部带村""发展强村""民主管村""依法治村""道德润村""生态美村""平安护村""清廉正村"等 11 个部分，明确了乡村治理与乡村振兴的关系，着眼于乡村振兴的整体布局以及"产业兴旺、生态宜居、乡风文明、治理有效、生活富裕"五个目标的实现，强化内涵外延，区别于普通"三治"融合，定位为综合性"大治理"。同时还明确了实施对象为以村为单位的乡村治理，为每个行政村开展乡村治理提供指导。

（一）总体要求

包括基本原则、实现路径和治理主体三个部分。乡村治理的基本原则主要有：党建引领、三治结合、群众主体、因地制宜和继承创新；实现路径强调要以乡村振兴为目标，按支部带村、发展强村、民主管村、依法治村、道德润村、生态美村、平安护村、清廉正村的路径开展乡村治理；治理主体为村级组织和社会组织，其中村级组织包括村党组织、村民委员会、村务监督委员会、村股份经济合作社，共青团、妇女、民兵等群团组织及"绿水青山就是金山银山议事会"等组织。

（二）支部带村

其基本要求：应坚持党组织的领导核心地位，通过"学、议、做、评、带"五步法，加强村党组织治理能力建设，健全村党组织治理网络，发挥村党组织战斗堡垒和政治引领作用，提高基层党员干部的自身素质和治理能力，提升党组织引领村庄发展、为民服务、社会治理的能力水平，推动乡村治理机制体制的完善。支部带村具体可通过思想带动、组织带领和党员带头等路径来实现。

(三) 发展强村

其基本要求：以村党组织为领导，充分发挥其在产业发展中的核心作用；以"绿水青山就是金山银山"理念为指导，在保护环境的前提下发展经济，因地制宜，形成丰富的产业业态，强村富民；引进社会资本参与村庄经营，资源变资产，资金变股金，村民变股民；延长农业产业链，促进农村一、二、三产业融合发展，加强生态产品价值实现。发展强村具体可通过产业规划和发展、村集体经济的经营与管理等路径来实现。

(四) 民主管村

其基本要求：以"遇事大家议、决策大家定、有事大家干"为原则，营造众商众议的民主氛围，发挥"绿水青山就是金山银山议事会"、议事、协商、监督、互助等作用，通过"五民主三公开"（民主选举、民主管理、民主协商、民主决策、民主监督，党务公开、村务公开、财务公开），实现民事民议、民事民办、民事民管。民主管村可通过村务协商、村务决策、村务管理和村务监督等路径来实现，其中村务协商可采用民情恳谈会、民主议事会、民主听证会、民主评议会等民主协商形式开展。

(五) 依法治村

其基本要求包括以下七个方面。

1. 秉承以"三治结合"促进乡村治理规范化的理念，将乡村社会生活的基本方面纳入法治轨道，引导村"两委"干部和村民群众树立法治意识，提高其运用法治思维和法治手段解决村庄发展和治理中遇到问题的能力，营造学法、守法、崇法、用法的良好社会氛围。

2. 构建"三规协同"治理模式，充分发挥法规、村规、家规在乡村治理中的重要作用，鼓励社会公众参与乡村治理。

3. 建立村级法治建设领导小组，领导依法治村工作，支持村"两委"、村民依法、依规开展村级事务治理，并制定村级法治建设工作计划和推进措施。

4. 法治宣传教育应纳入村年度工作计划，村"两委"班子成员中有专人负责法治宣传工作，法治宣传教育经费应有保障。

5. 建立便捷的法律服务渠道，引导村民依法维护自身合法权益、表达合理诉求，自觉履行法定义务，正确寻求处理涉法问题的途径。

6. 根据法治建设工作要求合理配置法律服务工作队伍，包括法律顾问、法治宣传员和法治文化志愿者等，并明确权利和义务。

7. 依法成立人民调解委员会，按需求配备人民调解员，明确其运行机制。

依法治村具体可通过村规民约、法治宣传、法律服务、矛盾纠纷化解和法治创建等路径来实现。

（六）道德润村

其基本要求：坚持以规立德、以行修德、以文养德、以评树德，推进基层道德建设；在村党支部领导下，村"两委"带头履行道德润村的主体责任，树立高尚的道德情操，讲党性、重品行、做表率，堂堂正正做人、老老实实干事、清清白白为官；"绿水青山就是金山银山议事会"应充分发挥参与民间事务的调解、监督与服务等方面的作用，引导群众自觉抵制陈规陋习，树立文明新风；村妇联组织应发挥自身职能作用，引导和带领广大妇女和家庭自觉接受道德教育，提升文明程度。道德润村具体可通过家规家训家风、道德风尚、移风易俗、文化建设和评议评价等路径来实现。

（七）生态美村

其基本要求：正确处理经济发展、村庄建设同生态环境保护的关系，坚持生态优先，让生态环境成为村民生产水平和生活质量的增长点；村"两委"领导村级组织、社会组织、群众队伍、村民等开展村庄建设和生态环境保护活动；通过"绿水青山就是金山银山议事会"对村庄建设、生态环境等问题进行事前研究和全程把控；组建党员、村民代表、老同志、老干部、优秀青年等为主体的环保义务宣传队、生态巡逻队、巾帼保洁队、工程监管队、秸秆禁烧巡查劝导队等群众队伍，监督村庄建设、生态环境保护建设管理事务，引导村民参与建设，督促村民履行职责。生态美村具体可通过村庄建设、生态环境、生活环境和生产环境等路径建设来实现。

（八）平安护村

其基本要求：以"共建共享、群防群治"的平安建设理念，创新群防群治工作机制，运用"互联网+"思维，实施"智能化、高效率"的网格化管理，维护农村社会稳定和社会安全，增强农民安全感、幸福感、获得感；应构建立体化平安防控体系，到底到边开展管理服务工作，及时解决问题、化解矛盾，降低村内刑事、治安发案率，确保"小事不出村、天天都平安"；应将平安综治、维稳信访、反邪教等工作纳入村"两委"年度工作计划，做到有计划、有部署、有落实，并将平安建设的内容纳入村规民约。平安护村具体可通过平安防空体系、平安防空管理、平安宣传等路径来实现。

（九）清廉正村

其基本要求包括以下四个方面：

1. 围绕清廉主题，以"基层组织坚强有力、党员干部清正勤勉、乡村治理和谐有序、家风民风清醇友善、文化氛围崇德尚廉、社会风气清朗向上"为目标，立规矩、正风气，把握"党员干部"关键、紧扣"制度建设"核心、强化"监督执纪"保障、突出"思想文化"

根本四个方面，坚持教育、管理、监督并重，推进党风、政风、民风、家风、社风联动建设，引导广大干部群众形成以清为美、以廉为荣的价值取向，建成党风正、政风清、民风淳、家风好的乡村。

2. 村党组织、村民委员会、村股份经济合作社、村务监督委员会是清廉乡村建设的主体，履行廉洁履职、自我约束、自我教育、自我管理、内部监督等职责。

3. 廉情工作站、"绿水青山就是金山银山议事会"等组织及广大村民群众对村务决策、村集体"三资"管理、工程项目建设、惠农政策落实、生态文明建设、精神文明建设以及村干部廉政、勤政等情况开展外部监督。

4. 廉情工作站组织架构：廉情工作站设主任一名，副主任一名，成员若干；主任一般由联村组长担任，副主任由村委监督委员会主任担任，成员包括联村干部、村委监督委员会成员、廉情监督员。①

清廉正村具体可通过清廉乡村建设的责任落实、廉洁制度执行、清廉教育、多元监督和清廉乡村评价等路径实现。

◇◇ 第三节　安吉乡村治理经验的典型个案分析

一　乡村治理的余村经验

2003 年，安吉余村人痛下决心关停矿山水泥厂，开始转变发展

---

① 参见安吉县地方标准规范 DB330523/T 29—2018 乡村治理工作规范，2018 年 8 月 11 日发布。

道路，坚定不移的践行"绿水青山就是金山银山"的理念，把生态文明建设理念融入小城镇的改革发展之中。15年来始终致力于保护绿水青山，优化生态环境，打造风景旅游景点，发展民宿、农家乐等旅游项目，将自治、法治、德治"三治"融合，建立新时代的乡村治理模式，带动了乡村的全面振兴。概而言之，余村以"两山"理念为指引，以重构乡村社会生态为使命，探索了以"支部带村、发展强村、民主管村、依法治村、道德润村、生态美村、平安护村、清廉正村"为主要特点的新时代乡村治理"余村经验"，成为浙江乡村善治的典型。2018年，新时代乡村治理"余村经验"得到习近平总书记批示肯定。2019年，"余村经验"入选《贯彻落实习近平新时代中国特色社会主义思想在改革发展稳定中攻坚克难的生动案例》，成为全国党员干部"不忘初心、牢记使命"主题教育的生动教材和重要参考。

（一）支部带村

余村发展得好，最根本的原因就是，党支部书记选得好，党支部在群众中有威望、有号召力，能够充分发挥把方向、定战略、作决策、聚人心的引领作用。余村坚持"绿色发展，红色护航"，选拔一批"能干事，干成事"的支部班子成员，大力实施"党员创业带富工程"。全村党员干部在支部的带领和感召下，积极参与环境整治、矛盾化解等义工服务，以党风促民风，形成了良好的村风，推动村庄景区化变革、资源股份化改造，变靠山吃山为养山富山。实践证明，加强村级党组织建设、发挥村级党组织在村庄治理中的领导核心作用，是乡村治理的根本要求、共性要求。

（二）发展强村

余村在"绿水青山就是金山银山"理念的指引下，转型发展绿色产业、旅游产业，实现美丽环境与美丽经济相辅相成、相得益彰。打通"绿水青山"和"金山银山"的转化通道，完成从"卖石头"到"卖风景"、从"一家富"到"大家富"的蝶变，实现经济发展与生态保护双赢。实践证明，只有抓住发展不放松、围绕发展做文章，把村庄基础设施建设好、公共服务搞上去，帮助农民群众把口袋富起来，乡村治理中的很多难题才能迎刃而解。

（三）民主管村

余村作为一个移民村，280 户人家有 106 个姓氏，之所以能够凝聚发展合力、维护和谐稳定，主要就是依托"绿水青山就是金山银山议事会"等平台，大家的事大家参与、众人的事众人商量。实践证明，在健全乡村治理体系的过程中，必须完善基层民主制度，创新民主协商的形式载体，保障农民群众的知情权、参与权、表达权、监督权，使他们真正成为村庄的主人。

（四）依法治村

余村之所以能够始终保持和谐稳定，与秉持依法治村理念、持之以恒抓"民主法治村"建设是分不开的。余村不断探索升级基层民主形式，构建从村民代表大会制度，到以"绿水青山就是金山银山议事会"为主体，乡贤参事会、村民议事会、红白理事会、道德评议会、健康生活会等配套的民主商议体系，做到民主选举、民主决策、民主管理、民主监督，实现了将矛盾化解在基层、消灭在萌芽状态。余村通过持续深入开展普法宣传，通过民主法治村建设，提升基层的法治水平，"美丽乡村，无法不美"的新格局在余村悄然成型。实践证明，只有把乡村社会生活的基本方面都纳入法治调整范围，引导农民群众树立法治意识，运用法治思维和法治手段解决村庄发展和治理中遇到的问题，乡村治理才会更加规范有序。十多年来，余村实现零上访、零诉讼、零事故、零刑案、村两委干部零违纪。①

（五）道德润村

余村把思想道德建设和文化建设摆在重要位置，积极引导村民认同和践行社会主义核心价值观、提高思想道德素养，以文化人、以文兴村，营造了健康向上的文化氛围。实践证明，只有坚持以德育人、以文化人，培育更多崇德向善的新农民，乡村秩序才会更加稳固，乡村治理才会更可持续。

（六）生态美村

余村坚持以美丽乡村创建为载体，围绕"绿水青山就是金山银山"理念，将生态文明建设融入到村级经济、文化、社会等各类建设之中。余村的发展实践，充分体现了"绿水青山就是金山银山"重要发展理念的前瞻性科学性，充分体现了建设美丽乡村在乡村治理中不可替代的重要地位。实践证明，推进乡村治理，必须正确处理好经济发展同生态环境保护的关系，坚持生态优先，坚持有所为、有所不为，让优美生态环境成为农民群众生活质量的增长点。

（七）平安护村

余村按照网格化管理要求，建成浙江省首个村级综合信息指挥室。逐步走出一条"一室三网"的社会治安防控机制，建设"村级智慧大脑"，到底到边开展管理服务工作，及时解决问题、化解矛盾，做到"小事不出村、天天都平安"。实践证明，加强农村社会治安管理、建设平安村庄，将大多数矛盾纠纷、治安隐患化解在基层、消除在萌芽状态，是乡村治理的底线。

（八）清廉正村

余村以"清廉乡村"建设为主导，通过监督与教育软硬两手抓，

---

① 王春：《"余村经验"构建乡村新生态》，法制日报，2019年7月16日。

构筑清廉乡村廉洁屏障，厚植清廉乡村文化土壤，建立村级廉情工作站，发挥联村干部、村务监督委员会、廉情监督员三支监督力量，推进民主监督和重点监督。晾晒"村级权力清单"，公开"办事流程"，推行村级党风廉政建设"八项工作"动态监督机制，及时掌握廉政风险，作出分类处置，挖掘提炼"绿水青山就是金山银山"文化清廉因子，打造清廉文化阵地，大力弘扬崇尚廉洁的新风正气，让党员干部群众在潜移默化中接受清廉文化熏陶。

余村经验在乡村治理方面除了具有上述八个方面的特点外，还突出体现了"生态引领、党建为核、三治融合"的治理精髓。①

1. 以生态文明和"绿水青山就是金山银山"理念为引领

（1）将生态文明理念贯穿于美丽乡村建设各方面。以"绿水青山就是金山银山"理念为引领，按照"一环一带、两园三区"村域空间布局，全力打造国家5A级村域大景区，不断拓展"绿水青山就是金山银山"转化通道，真正实现村强民富、景美人和的幸福愿景。余村2017年实现农村经济总收入2776亿元，村集体经济收入410万元，农民人均纯收入达到41378元。村民纷纷捧起"绿饭碗"，发展休闲旅游经营户40余家，年接待游客数达50万人次。将生态文明理念贯穿于民主法治建设各环节。余村编制发布了全国首个《美丽乡村民主法治建设规范》县级地方标准和市级地方标准，填补了基层民主法治建设标准化的空白。实现了美丽乡村民主法治建设有标可依、有据可考、有章可循。

（2）将生态文明理念贯穿于村务民主决策全过程。坚持党员群众建议—村党组织提议—村务联席会议商议—党员大会审议—村民代表

---

① 匿名：《新时代乡村治理的"余村经验"》，浙江大学公共政策研究院，http：//www.ggzc.zju.edu.cn/5313.html。

会议决议的村务决策"五议法"，定期研究村庄规划、环境整治、产业发展、民生改善等重要事项。大到全村规划建设，小到自来水收费、垃圾桶管理，民主决策在余村蔚然成风，特别是先后关停矿山、水泥厂和竹制品企业、转而集中精力发展美丽经济的决策，将生态资源优势转化为绿色发展优势，使绿水青山源源不断淌金流银。

2. 始终以党建为核心

（1）建立党员民主议事清单。党支部按照党员先讨论、党员先带头原则，组织党员在每月主题党日对评先推优、发展党员、支部建设等情况以及重大党务、重大决策、重大财务等事项进行民主讨论商议，定期研究村庄生态环境建设、集体经济发展、村规民约、村风民俗等党员群众关心关注的重要问题，做到议事过程充分体现民主、议事结果充分体现共识，并形成会议纪要作为村内重大事项实施推进前置条件。

（2）建立党员责任落实清单。建立党员责任清单，组建环保宣传员、剿劣护水队、生态巡逻队等4支队伍共10人，全域设置26个党员责任区、26个责任岗，明确每名党员工作职责，定期开展"垃圾死角集中清""水质监测随手拍"等活动。

（3）建立党员党性体检清单。按照中办《关于推进"两学一做"学习教育常态化制度化的意见》要求，对照党章党规，对照系列讲话，结合主题党日，每半年开展一次"党性体检"，采取支部点评、党员互评、群众测评的方式，对党员参训受训情况、生态实践情况、作用发挥情况等进行评议，纳入党员先锋指数考评，评议处置党性亚健康、不健康党员，全村党员干部实现自建村以来"零违纪"。特别是针对外出流动党员、年老体弱党员等，落实"1+1"组团帮带制，采取在线学习、视频交流、送学上门等方式，进行专题辅导，针对性提升能力水平。

3. 坚持村民自治

（1）规范小微权力。以村民小组为自治单元开展"微自治"，建立村级小微权力清单，对包括村级招投标、宅基地审批、低保户申请等权力事项进行流程公开和全面规范。注重发挥村规民约自治功能，将垃圾不落地、文明餐桌行动、严禁燃放烟花爆竹、禁止放养家禽家畜、生活污水全部集中纳管等要求融入村规民约 20 条，使村规民约真正成为维护农村公序良俗、促进村民自治的"硬规范"和"硬约束"。

（2）规范民主协商。成立民主议事决策常态化协商机制"绿水青山就是金山银山议事会"，通过民主恳谈、村两委商议、党员审议、村民代表决议和乡贤评议等一系列会商步骤和程序，做到事前群众当参谋、事中群众来监督、事后群众作评估，构建了大事一起干、好坏大家判、事事有人管的"村事民议、村事民治"基层治理新模式。

（3）规范村务监督。大力推进法律顾问法律监督、村监委专业监督和村民群众监督为一体的"三元监督"网络体系建设，保障群众知情权、参与权和监督权。法律顾问除日常为村里提供法律服务外，对村级决策合法性进行审查，村里招投标项目都参与把关，提供法律审查意见。村监委对村里重大项目实施推进情况全程参与监督，对超过5000 元每笔资金实施前置审核，村监委主任对每张票据和财务报表都要签字。建设美丽乡村村务公开法治在线云平台，村民在家通过电视就可以查村账，实现村务公开、财务公开等内容"户户能点播"。

4. 坚持健全法治

（1）法治宣传凝共识。以全国民主法治示范村建设为契机，全面打造高标准的法治文化公园、法治文化广场、法治文化街区、法治文化长廊、法治文化墙、法律图书角、法治学校等法治设施，村道两旁、村中长廊、农户围墙、路边侧石、休息长椅，随处可见村规民约、法治标语、法治漫画、法治谜语等，足不出户收看《王义说法》《竹乡警视》《法庭直击》等本土化普法节目，学法、知法、用法、守法成为村民的思想自觉和行动自觉。

（2）法律顾问助发展。村法律顾问主动融入村级事务管理，积极为村集体重大决策、重要合同"诊脉把关"，帮助基层群众、困难群体"依法维权"。

（3）"三调联动"促和谐。通过12名村级专兼职人民调解员坐堂问诊、3名公安民警担任"家园卫士"、设立"绿水青山就是金山银山"巡回法庭等方式，积极构建人民调解、行政调解、司法调解衔接联动巡诊制，确保"小事不出村、大事不出镇"。

5. 坚持乡村德治

（1）借助乡贤群体的力量。充分发挥德高望重的本土精英、功成名就的外出精英、投资创业的外来精英等10名乡贤力量，积极挖掘具有法律知识背景的党员、村民代表以及居住在村的法官、检察官、警官、律师等15名"法律明白人"，实现群众办事、矛盾调解、法律服务、信息咨询、致富求助"五不出村"，以乡贤榜样的力量，带动村民树立良好家风，塑造充满"正能量"的乡风文明。

（2）发挥民间团体的作用。发挥红白理事会、道德评议会、禁毒禁赌会等民间团体的作用，采用道德教化、情理结合的方法不断推动乡风文明进步。如邀请道德评议会成员对村民在文明圈养、烟花爆竹禁放、限药减肥等方面的做法进行打分，对做法好、得分高的家庭给予奖励，激励了更多村民讲文明，体现家规家训的功能。在全县最早一批开展"立家规、传家训、树家风"活动，全村280多户农家根据自家的家风教育制定了属于自己的"家规"，或制成竹匾，或制成书法作品，挂于家中最醒目的位置，提醒每一位成员时刻谨守家规家训，弘扬美好家风。村里还每年开展"最美"系列评选活动，每年评选表彰身边好人与新乡贤 20 余名。①

总之，余村的乡村治理模式也可以概括为"六个一"治理模式，即指"一个班子、一条路子、一套制度、一个理念、一个氛围、一张网络"。具体地说，即以党建为引领，锻造一个坚强有力的领导班子；践行"绿水青山就是金山银山"理念，找到一条适合村情的致富道路；事情商量办，形成一套广泛参与的民主制度；信法不信访，坚持一个守法用法的基本理念；文明树新风，营造一个崇德向善的浓厚氛围；管理精细化，编织一张灵敏高效的综治网络。正是这"六个一"，让余村开展乡村治理取得了丰硕成果，全村走向了美丽富裕、安居乐业的新愿景，先后被评为全国文明村、全国民主法治示范村、全国美丽宜居示范村、国家 4A 级村域景区。

二　安吉县社会矛盾纠纷调处化解中心建设经验

2019 年 3 月底，平安浙江工作会议明确提出，要努力实现接访、矛盾纠纷化解"最多跑一地"，打造县级信访超市（综治中心）。4 月安吉县信访超市中心启动建设，8 月建成并启用。11 月 26 日，全省县级社会矛盾纠纷调处化解中心（以下简称矛调中心）建设现场推进会上省委书记车俊明确要求整合资源，建立县级矛调中心。在此背景下，安吉县县级矛调中心于 2018 年 11 月开始谋划，2019 年 6 月正式投入使用。此外，安吉县全力推进县乡两级矛调中心建设，目前已形

---

① 《新时代乡村治理的"余村经验"》［EB/OL］，浙江大学公共政策研究院，ht-tp：//www.ggzc.zju.edu.cn/5313.html。

成1中心（县级）+15个分中心（乡镇街道）的组织架构，有效实现"最多跑一次"改革向社会治理延伸，为推动群众矛盾纠纷"最多跑一地"作出具体实践，助推社会矛盾要素治理向纵深推进。

（一）建设概况

本着因地制宜的原则，县级矛调中心重新对信访服务中心进行整体策划，划分相关功能区块，实行"1+6+10+N"模式，即设立1个导引区，6个功能区，10个开放式接访窗口。设立候访室、心理咨询室、调解室、劳动仲裁庭、审判庭、乡贤工作室、警务室等N个功能室，作为配套设施。6个功能区程序互通，优势互补，打通调解、仲裁、信访、法律援助、司法裁判的内在联系。10个开放式接访窗口采取集中常驻、轮换入驻、随叫随驻三种形式联合接待。矛调中心整合县纪委、县委政法委、县信访局、县法院、县司法局、县人力社保局、县卫健局等单位相关调、访、处职能，将6家单位相关职能科室选派集中常驻，综合执法、资源规划、市场监管、住建、农业农村等部门轮流进驻，其他涉事部门随叫随驻。探索县群众来访接待中心、行政争议调解中心、诉讼服务中心、公共法律服务中心、劳资纠纷调处中心、医疗纠纷调解中心等多中心合一，并吸收行业专业调委会、法律咨询、心理服务、社会帮扶、公益服务等入驻，不断推动信访工作"最多跑一地"。

1. 工作理念与品牌特色：树立"以礼待人、以己度人、以理服人、以法润人"的工作理念，创建具有地域特色的"365美丽信访品牌"，"3"即制定"领导下访、干部入访、群众问访"三项机制。"6"即整合"人民调解、法律援助、劳动仲裁、诉讼服务、信访调处、纪检监察"六位一体功能。"5"即建立"专家、乡贤、志愿者、代理、退二线干部"五大团队。"365"代表一年，代表地球公转一圈，代表信访圆，寓意信访工作和谐圆满，做到"内方外圆、事宽则圆、情同心圆、花好月圆"。

2. 主要工作制度：一是采取统一接收、首问负责、依法办理工作责任制，引导区根据群众来访事项的性质，第一时间分析、分流，引导上访人员到相关接访窗口。二是推行信访工作与人民调解、行政调解、仲裁诉讼、法律援助、困难帮扶、司法救助等相结合的"联排、联调、联办"工作机制。实现矛盾联合调处、困难联合帮扶、问题联合解决、服务联合优化，集思广益、多方合力，一揽子解决信访问题。三是全面推行全程跟踪、限时回应、统一督办、评价反馈等制度。抓好问题督办，跟踪问效，切实把中心打造成为化解矛盾纠纷的终点站。

3. 运行成效：2019 年年底，中心共接待群众 2744 批 6515 人次，化解率 91.3%。群众到京上访下降 78.6%，到省信访下降 38.7%，到市上访下降 51%，上行批次、人数明显下降，效果初显。实现碎片治理向集成治理（将原来分散的接访服务中心、诉讼服务中心、法律服务中心等统一集成到矛调中心，由多中心变一中心），被动治理向主动治理（各自为政、信息闭塞，预警研判能力弱总是在被动接受群众来访变为现在打破信息壁垒，实现信息共享，会商研判主动出击），突击治理到长效治理（构建了一个完整、常态化的治理机制，事前预防、事中治理、事后反馈环环相扣），单一治理到多元治理（资源整合后，能够很好地互相补位、联动联调顺畅自然，协同配合成为常态化）。四个转变，变"群众跑"为"干部跑"，变"办事窗口"为"服务主场"。

（二）主要建设经验

1. 群众来访"一站式"受理的运行机制。一是源头上实现精准分类。经过一段时间的实践，中心建立了以政法委、信访局、司法局和事权部门为主的"3+X"受理机制，统筹开展指挥调处、即接即办、教育疏导、会商研判、协调办事等工作。县乡两级中心对初次接收到的事项进行筛选研判，对责权关系简单清晰的交办至相关入驻单位或属地乡镇（街道）分中心；对案情复杂或乡镇（街道）、部门先行调解未果的，召集属地属事单位及中心调解团体，开展联合调解。对涉及多部门、跨区域，特别复杂，且有稳定隐患的，邀请县分管领导、事权部门、属地乡镇（街道）等进行"集中会诊"。二是过程中规范办理流程。在登记、流转、响应、受理、办理、答复等各个环节实施全程提速，并打破部门职能边界，融合参与疑难事项办理。建立"简单信访马上办，一般信访精准办、疑难信访合力办"工作机制，根据信访诉求、权责关系、主体对象等，将信访事项分为简易、复杂、疑难三类，分别明确1个工作日、15个工作日、30个工作日的办理时限。三是化解后量化考核运用。要发挥考核这根"指挥棒"的作用，根据信访督查职能，将中心建设运行、矛盾调处化解"最多跑一地"情况作为年度督查重点进行跟踪问效，对工作责任不落实、问题突出的重点地区和部门，要求限期整改，问题严重的进行通报、追责。每月通过《信访反映》，发布"效能指数"，按照接访量、调解量、成功率、回访率、满意率等，纳入部门考核。

2. 矛盾纠纷"一揽子"化解的主要做法。一是全力推行联调联办。往往群众的一个矛盾纠纷会涉及多个领域，需要多个部门协同办理。将来信来访、人民调解、行政调解、仲裁诉讼、法律援助、困难帮扶、司法救助等工作紧密结合，构建起诉调、警调、检调、专调、访调"五调"联动工作体系。对于疑难复杂矛盾纠纷，通过"3+X"会商研判，确定责任单位。坚持"调解为先、诉讼断后"原则，将调解不成的导入诉讼程序，由进驻中心的法院简案快调速裁团队对简单案件进行快速判决。二是高效开展线上服务。充分利用网络资源，依托浙江省统一政务咨询投诉举报系统和 ODR，综合运用 "12345 政府阳光热线" "网上信访" "在线矛盾纠纷化解" "移动微法院" 等线上平台，推行 "线上调" "掌上办"，为外地和出行不便的群众提供 "足不出户" 的远程服务。中心成立以来，已开展 "线上调" 98 件，调处成功率达 100%。三是充分整合社会力量。鼓励群众事群众办、群众结群众解。构建全覆盖、全领域、全过程的民调组织网络，逐步形成横向到边、纵向到底的民调工作格局。吸收交调委、医调委等民调组织入驻中心，发挥其专业性、灵活性优势，积极开展法律咨询、心理服务、社会帮扶等服务。开展 "点单式" 调解，将打造品牌工作室与优化调解服务供给相结合，在不断壮大全县 38 支民调组织工作力量的同时，成功打造谈鲁鲁工作室、正平工作室等 10 余家品牌调解室。

3. 基层队伍 "一体化" 运行的构成模式。一是网格全覆盖。各乡镇（街道）按照 "6+X" 模式，组建由网格长、网格指导员、专职网格员、兼职网格员、平安特派员、党建特派员及若干名社会信息员组成的全科网格员队伍。按照 "排查全覆盖、纠纷全介入、问题不激化、矛盾不上交" 的工作原则，走村入户开展排查，从源头把矛盾纠纷排查出来，对排查中发现的矛盾纠纷及时通过 "四个平台" 流转交办。依托各分中心，联合村干部、驻村律师、民警、乡贤，对排查出的问题按照解决难易程度分级化解，确保各类矛盾隐患化解在 "家门口" "村门口"。二是代办全过程。针对全科网格员在排查中发现部分群众有问题难反映、难解决的情况，探索推行信访代办机制，建立县乡村三级信访代办平台，打通全科网格员、平安家园卫队、平安志愿者、专家、乡贤、退二线干部等群防群治队伍，组建"专业代办"团队。通过上门揽件、平台委托代理等形式，为群众提供委托代办、主动代办、指定代办等服务，从深处把矛盾隐患带上来，变"群众乱跑"为"干部代跑"，有效解决群众不会访、无序访和走弯路的问题。同时，还将信访代办和线上矛盾纠纷化解挂钩，让信息数据助力信访代办，有力提高调处效率。三是防控无死角。在全科网格建设的基础上，以每个村（居）民小组为一个单元，以10—20户家庭（含个私企业）为一个微网格，组建5—10人组成的"平安家园卫队"，对每个单元、微网格全覆盖，构建全域人防网。发挥队员人熟、地熟、情况熟、业务熟，开展工作便利和信息灵通的优势，围绕警情、发案、矛盾纠纷、安全事故、重点人员存量"五下降"目标，对照平安检查负面清单，联合当地派出所"走村入户进企"，把排查化解漏洞补起来。

三 孝源街道社会矛盾纠纷调处化解中心的"四四工作法"

（一）孝源街道社会矛盾纠纷调处化解中心概况

根据新时代"绿水青山就是金山银山"试验区建设第二批重点亮点任务清单，按照"小事不出村，大事不出镇、矛盾不上交"目标，以实现信访和群众纠纷化解"最多跑一次""最多跑一地"为要求，孝源街道投资180万元对原综治中心进行了改造提升，高标准打造了集各类功能于一体的"1+4+N"社会矛盾纠纷调处化解中心。

"1+4+N"中的"1"是指：以一个中心开展矛盾调解联合办公。以群众矛盾纠纷化解"最多跑一地"为目标，将街道8个对外办事窗口进行整合，开展联合办公，实现资源共享、信息共同、高效共创，形成集来访、接待、受理、流转、调处、反馈、结案、闭环于一体全链条机制，达到了群众诉求"一站式接待、一揽子调处、一条龙服务"，做优一窗受理、一站式服务，让群众"最多跑一地"。

"1+4+N"中的"4"是指：建立矛盾调解、综治信息指挥、谈心谈话和简易法庭四项工作为重点开展多元治理工作。以"公平公正、依法调解"为标准，成立了专业调解讲规范、行业调解讲业务、乡贤调解讲影响的三支矛盾调解队伍，以"六心式、七访式、八链式"① 的创新做法开展调解工作。以手机信息、分析研判、流转跟踪督办为主要内容，将小区所有视频监控、网格化管理指挥系统、视频会议系统整合一体建立综治信息指挥中心。以方针政策宣讲、群众疑问解答，与群众交流思想、回应诉求，以谈心谈话方式解决群众反映的问题。将审判室、仲裁庭、宣告室三室合一，以简易法庭对多次调解不成功的矛盾纠纷和劳动争议进行审理宣判和仲裁，最终实现闭环管理。

"1+4+N"中的"N"是指：以"服务不缺位"为硬指标，达到人人有责、人人尽责的目的。采取"1+3+X"的服务模式，即：一个专班+政议政团、新乡贤讲和团和群众服务团三支队伍+若干社会人士共同组建连心工作室，构建共联、共建、共商、共用、共享的治理体系。由 32 名妇女同志组成的"巧妈"工作室，通过"眼、口、手、心"的"四巧"调解方法，达到善发现、会言语、巧手帮、暖人心的效果，将矛盾纠纷与关心关爱做到实处。以青少年"团干+社工+

---

① 注："六心式"接处访制度是指：接待服务要热心、倾听诉求要耐心、了解情况要细心、明辨是非要公心、解决问题要用心、用情感化要诚心；"七访式"矛盾处置法是指：主要领导坐班接访、班子会专题研访、主要领导陪访、机关干部下访、重要矛盾约访、听辨息访、值班领导在班处访；"八链式"全链条护航是指：人民来访联结、矛盾纠纷联调、社会治安联防、突出问题联治、重点工作联动、基层平安联创、社会管理联抓、综治力量联合。

专家+青年邻长"的"1+1+1+N"的"调小青"同心"益"站，致力于青少年心理咨询、法律援助、权益维护、禁毒普法以及新居民子女志愿帮扶等工作，打通了青少年权益维护的"最先一公里"和"最后一公里"，共谱青少年合法维权新乐章。有国家级金牌调解员带队组建的金牌调解室，采取"能调节者皆可成为首席、有本领者皆可成为导师"的原则，以老带新、以帮带学，实现导师帮带制贯穿调解体系全过程，层层培养、级级传授、人人参与，达到村村有亮牌调解员、队队有纠纷化解员。

2019年以来，孝源街道社会矛盾纠纷调处化解中心共受理群众各类诉求231件，实现100%"零跑解决"，100%"只跑一次"，诉求解决率、纠纷化解率、按时办结率和群众满意率均达到100%。

（二）"四四工作法"

近年来，孝源街道紧紧围绕习近平总书记以人民为中心发展思想和基层矛盾纠纷调解工作相关重要指示精神，贯彻落实县委、县政府关于推进新时代基层治理的重要部署，全力推进矛盾调解中心建设，通过探索"四'一'推进四常态、四联保障、四消减""四四工作法"，有效促进了"最多跑一次"改革向社会治理基层延伸。

1. 对照标准定位，做实"四个一"。一是构建一个平台。通过对内整合、对外吸纳，构建集各类功能于一体的受理平台。现有16个部门已入驻大厅服务。二是实行一窗受理。实行各类问题一窗受理、一窗通办，内部实现了资源共享、信息共通。三是制定一个流程。根据问题诉求、权责关系、主体对象等，分类制定简易、复杂、疑难事项办理流程，明确办理时限，提高办理事项的规范性、时效性。四是建立一套机制。建立"信访、调解、法律援助"、事心双解教育疏导、阳光透明共监督机制，提供全方位、闭环式服务保障，切实提高受理事项的处理率、满意率。

2. 明晰职责功能，坚持四个常态。一是便民服务常态运转。以"常态和高效"为目标，推动"多网融合"，实现全方位服务。二是综合治理常态受理。依托综合窗口受理群众各类矛盾纠纷、信访诉求和投诉举报事项，分类导入办事程序，实时接待群众，调解各类矛盾。三是基层站所常态协同。统筹协调各科室、部门站所资源，无缝对接，高效协作，形成合力。四是调处裁判常态解决。"人民调解、法律援助、劳动仲裁、诉讼服务、信访调处、纪检监察"六位一体同频共振，实现立体化、全方位解纠纷。

3. 注重多元参与，打造四联模式。一是矛盾联调。建立"诉调、警调、检调、专调、访调""五调"联动工作体系，实现矛盾纠纷"一站式接待、一条龙调处、一揽子化解"。二是治安联控。发挥"天眼"视频监控系统、雪亮工程、基层社会治理综合信息系统等线上信息技术优势，结合平安家园卫队、派出所警员等线下走访排摸，全方位掌握全域治安数据。三是人口联管。依托"6+X"全科网格员对外，发挥新居民工作室等作用，全面掌握小区范围内流动人口、矛盾纠纷点、安全隐患点等，实现区域人口管控。四是平安联创。整合街、村、家庭力量，设立连心工作室、巧妈婚姻家庭工作室、"调小青"同心"益"站等，畅通群众参与的规范化协商议事渠道，推动多层面共同参与平安创建。

4. 强化精准管控，实现四个消减。一是实现群体事件消减。在源头上疏通化解矛盾，切实将矛盾解决在基层，化解在萌芽状态。2020 年，孝源街道无群体性事件发生。二是实现越级上访消减。推动解决辖区越级访、重复访、缠访问题，依法精准打击违法上访行为，营造良好信访生态。实现了信访总量、重复访、越级访平稳下降，信访重心下移。三是实现刑案发案率消减。构建打击和防范犯罪的天罗地网，街道辖区刑案发案率一直处于低水平。四是实现黄赌毒黑消减。开展常态化巡逻，排摸线索打击等方式，实现了黄赌警情两降。

◈ 第四节　推进安吉乡村治理和基层治理现代化具体路径

一　以余村经验为标准，逐步巩固基层治理基础

（一）坚持三治结合，积极探索基层治理的有效路径

群众的自觉参与是基层社会治理最持久的动力，要坚持自治、法治、德治相结合，按照"众人事情众人商量"的基本原则，用好"群众说事室""绿水青山就是金山银山议事会"等机制，用制度和程序来引导村民有序参与、依法自治，不断推进安吉县基层治理规范化、法治化。

（二）坚持平安托底，不断健全社会稳定的综治网络

维护农村社会稳定和安全是基层治理治理的底线，要依托"四个平台"、全科网格和雪亮工程等建设，建成防控人网、数据智网、全科地网、监控天网的"四网"立体化社会治安防控体系，做到"小事不出村、天天都平安"。着力健全矛盾纠纷排查化解机制，不断升级"家园卫队"工程，进一步精细服务群众能力水平。

（三）进一步整合资源，持续凝聚基层治理强大合力

要注重强化互联网思维、弘扬互联网精神，统筹整合联动、跨界

打通融合、扁平一体高效，做到系统集成、整体推进。要以智慧应用大联动为支撑，推动县级资源力量关口前移、重心下移，资源下沉、权力下放。以基层治理平台建设为载体，提升乡镇（街道）统筹协调能力，形成统一指挥、联合执法、联动治理的新模式。运用村级资源力量，深耕网格、做实网格，推动与规范社会秩序、执法法律法规、服务民众生活相关的管理资源下沉到底，确保全科网格标准化、规范化建设落地、落实。

二 以精细治理为原则，逐步建立善治工作体系

（一）完善一体化防控特点的"一揽子"社会治理方式

通过划分网格，将辖区所有人、事、物和片区纳入网格管理，全部实现无缝隙全覆盖，实现政府管理服务由以往的条状、单向、粗放式管理，向块状、点面结合的精细化管理转变。融合现代科技理念、手段、技术，聚合力、抓源头、强治理，加强信息资源互通共享和深度应用。按照科技引领、信息支撑的思路，加快构建纵向贯通、横向集成、共享共用、安全可靠的平安建设信息化综合平台。加强与县大数据局的合作，打通各个应用系统，打造辐射县乡村三级、万物互联互动的智慧网络，实现数据共融共享，不断推进平安安吉建设向数字化、智能化、现代化前进，为平安安吉保驾护航。

（二）从细节入手，抓大抓小

始终将精细化管理工作引向深入，向工作态度、工作方式、职业素质、职业道德等深层次方面发展。坚持和发展好新时代"枫桥经验"和平安建设经验，聚焦社会治理领域存在的突出问题，加快提升政治安全、社会治安、社会矛盾、经济金融安全、公共安全和网格安全"六大领域的治理水平"。建立健全"横向到边、纵向到底"的共

享共治的工作保障体系，进一步整合"全科网格员、平安家园卫队、平安志愿者"三支队伍，加快推进县域社会治理的同代化的"143工作体系"（"1"即推进县级社会治理综合服务中心建设，"4"即推进"基层治理四平台建设"，"3"即以自治、德治、法治"三治融合"为主要内容的善治村区建设）。

（三）精准盯防，源头治理

按照基础信息不漏项、社情民意不滞后、问题隐患全掌握的要求，各部门、乡镇（街道）全面梳理出风险点和管控点，研究出有针对性的防范化解整改清单。最大化发挥社会组织的作用，发动社会基层力量，以"我的家园我守护、我的邻里我守望"，发挥人熟、地熟、情况熟开展工作便利和消息灵通的优势，将防范宣传、治安巡逻、服务群众等工作落实到每家每户。建立健全清单式问题隐患整改机制，推行任务清单、责任清单、追责清单"三张清单"制度，实现由末端处置向源头治理转变、由被动应付向主动作为转变、由注重过程向注重实效转变，努力做到不走形式、不搞变通、不出偏差。

三　以社会参与为支撑，逐步打造共治共享格局

（一）把机制"统起来"

按照社会组织规范化、常态化、实体化、建制化建设要求出台地方《社会组织管理规范标准》，建立培训、监督、管理、奖惩、抚恤等运行管理制度，利用网络、微博等新媒体，推动线上线下的互动与"群"内响应，实施"平安积分"制，创立"公益联盟基金"，引导社会组织工作有方向、行动有目标，形成邻里守望、互防联动、协作共防、辖区全覆盖的工作格局。

（二）把工作"联起来"

围绕政策法规宣传、邻里纠纷调解、社会治安维护、环境卫生保洁、青少年关爱、扶贫助困等 124 个服务领域开展工作，建立自治会商、例会、恳谈、联络等机制，加强社会组织业务指导和日常管理工作，并制定出台考核细则，定期开展检查指导，严格落实奖惩，做到"四个统一"（统一规范管理、统一业务培训、统一任务清单、统一工作流程），极大地提高了社会组织参与社会治理的自觉性、积极性。

（三）把队伍"用起来"

按照社会组织培育孵化期、备案考察期、信用评价期、社会贡献期"四位一体"，打造社会组织专业人才、社会工作领军人才、社区治理督导人才培养基地。打通基层治理"最后一米"，激活一池春水，推进诉源治理末端化，主动参与服务群众、社区矫正、社区禁毒、社区自治、应急救援、矛盾调处、文明建设、扫黑除恶、消防安全、专业社工服务等基层治理工作，提升社会治理水平。逐步形成党委领导、政府负责、社会协同的社会治理新格局。

四　以智能建设为契机，逐步实现人机共治目标

（一）以基层治理"全域化"为目标，画好"共治"同心圆

充分发挥县委、政法委在平安建设尤其是基层治理现代化建设中牵头抓总、统筹协调、督办落实的作用，努力凝聚起各行各业共建平安安吉的磅礴力量。科学规划，不断完善人民群众参与社会治理的组织形式和制度保障，整合"全科网格员、平安家园卫队、平安志愿者"三支队伍全方位参与基层社会治理，发动人民群众紧紧围绕在党委政府周围，探索构建起党委领导、政府负责、群团助推、社会协同、公众参与的社会共治同心圆，增强社会治理现代化的向心力。

（二）以基层治理"精细化"为手段，打造"善治"工作链

依托平安检查 APP、平安检查交办单、爆料平台等形成精准化的问题清单，并通过"一中心、四平台"精准交办，由相关责任部门及时整改，实现问题发现、交办、整改闭环管理。打造"信访超市"的"1+6+10"模式，即设 1 个导引区，6 个功能区和 10 个开放式接访窗口，实现矛盾纠纷"一窗受理、集成办理"。吸收好、利用好新时代"枫桥经验"，逐步健全矛盾纠纷多元化解体系，推进社会治理重心不断下移，实现县乡村三级社会治理无缝衔接。

（三）以基层治理"智能化"为抓手，玩好"智治"新魔方

用好航天五院新开发的社会治理 2.0 升级版系统，加快安吉县乡村三级综治中心升级步伐，建设全方位、立体化、高安全的"数字大脑"。加强与县大数据局的合作，打通各个应用系统，打造辐射县乡村三级、万物互联互动的智慧网络，实现数据共融共享。依托全县"数字大脑"（综合信息指挥中心）定期对海量数据分类检索，对各类风险隐患进行分类梳理，动态形成全县分析研判报告，实现人机互动交融，不断推进平安安吉建设向数字化、智能化、现代化前进。

五　构建多元化治理格局，创新社会治理模式

（一）构建社会多元化治理格局

完善党委领导、政府负责、社会协同、公众参与的社会多元化织里格局，齐抓共管，努力形成社会管理和社会服务的合力。进一步推动社会治理重心下移。加强城乡社区服务中心规范化建设，完善农村社区综合服务管理平台，健全城乡一体的基层社会服务管理机制。健全民众参与治理机制，构建"政社互动"新模式，充分激发群众参与村（社区）事务管理的积极性、主动性和自觉性。建立健全政民互动

机制，加强网络虚拟社会管理，依托政民互动网络平台，加强网上政民互动，健全网上舆论引导机制。积极推进具有安吉特色的社区、社工、社会组织"三社联动"工作机制，构建民生保障的服务体系和有序参与的自治体系，完善基层社会治理。充分发挥村规民约、社区公约基础性作用，构建德治、法治、自治"三位一体"的基层社会治理格局。

（二）构建公众参与治理机制

健全政府信息公开披露、发布机制，定期发布相关政府公报，确保公众知情权。对建设战略、计划和项目决策，要明确公众参与的途径、程序和权利，确保公众参与权。通过网络、电话等载体接受公众监督和信息反映，以走访、调查、听证、座谈等多种形式多方主动听取公众意见，限时处理答复。健全举报奖励制度，鼓励公民、法人和其他社会组织就环境、村务等问题进行举报，有关部门对举报事项要及时处理，注重保护举报人，对举报人违法事实并查证属实的举报人要进行奖励，确保公众举报权。

（三）激发社会组织活力

健全社会组织培育、提供公共服务机制和生态安全监管机制。放宽准入门槛，实施行业协会商会类、科技类、公益慈善类、城乡社区服务类等社会组织直接登记制度，推进行业协会、商会与行政机关脱钩。提高社会组织参与社会治理能力，推动政府不分行业管理、社会事务管理、技术服务等职能有序转移。推动社会组织完善法人治理结构，完善社会组织监督管理机制。加大扶持力度，将购买社会组织服务中心服务经费列入财政预算。建立社会组织各类信息交流平台对服务民生的公益性社会组织、支持性社会组织初创期给予补贴。

（四）推进社会工作和志愿者人才队伍建设

加大社会工作和志愿者人才培训力度，增强公共服务能力。重点对社会工作相关领域从业人员加强环境保护、监督等专项培训。大力开发社会工作岗位，严格社会工作岗位准入标准，提高社会工作职业化水平和社会服务专业化程度。建立社工与志愿者联动机制，广泛动员社会力量，特别需要增强基层社会公共安全和"绿水青山就是金山银山建设"相关工作服务能力。完善社会公众人才激励机制，增强社会工作发展后劲。鼓励家园卫士和民间环保组织建设，壮大"家园卫士"和"绿水青山就是金山银山建设"志愿者队伍，更好地发挥其在基层社会治理和"绿水青山就是金山银山"理念实践、宣传等方面的作用。

附 录

相关数据[①]

附表1 安吉县历年畜牧业生产情况

年份	生猪（万头）			牛年末存栏数（头）	羊年末存栏数（万头）	兔年末存栏数（万只）	家禽饲养量（万只）
	全年饲养量	年末存栏数	全年出栏数				
1978	34.94	34.94	12.59	13423	1.64	0.91	68.00
1979	39.91	39.91	16.29	13116	2.04	1.28	74.00
1980	39.48	39.48	17.65	11911	1.92	1.86	70.00
1981	34.48	34.48	14.51	11422	1.57	1.55	76.00
1982	35.73	35.73	14.62	11101	1.46	1.19	78.00
1983	36.46	36.46	15.28	10586	1.18	0.31	85.00
1984	33.97	33.97	14.29	9201	0.96	0.34	212.00
1985	34.72	34.75	15.25	8217	0.84	1.45	192.56
1986	35.28	35.28	15.64	7669	0.89	1.11	188.98
1987	36.01	36.01	16.38	7386	1.10	0.49	255.64
1988	36.73	36.73	16.70	7139	1.34	0.24	253.04
1989	37.33	20.15	17.18	6982	1.49	0.19	284.87
1990	37.57	19.57	18.00	6744	1.47	0.18	309.03
1991	37.39	19.42	17.97	6563	1.51	0.74	393.82
1992	38.03	19.32	18.71	6027	1.62	0.71	389.11
1993	37.59	18.64	18.95	5767	2.00	0.29	422.08

① 数据来源：安吉县统计局。

续表

年份	生猪（万头）			牛年末存栏数（头）	羊年末存栏数（万头）	兔年末存栏数（万只）	家禽饲养量（万只）
	全年饲养量	年末存栏数	全年出栏数				
1994	38.34	17.59	20.76	5315	2.28	0.18	153.76
1995	38.34	17.15	21.19	5435	2.78	0.18	525.65
1996	38.34	17.10	21.24	5459	3.26	0.34	504.74
1997	32.63	14.41	18.21	5466	2.92	0.17	487.63
1998	31.42	13.61	19.23	5596	2.82	0.18	441.66
1999	30.48	12.82	17.69	4419	2.44	0.19	392.58
2000	30.61	12.92	17.70	4366	2.52	0.21	395.54
2001	26.37	11.62	15.07	3965	2.90	1.24	303.55
2002	24.81	13.22	11.58	4345	2.62	0.81	332.96
2003	24.43	10.73	13.70	4498	2.93	0.67	417.59
2004	23.82	9.78	14.04	3992	2.95	1.81	471.26
2005	21.62	9.34	12.29	4194	2.77	2.69	490.91
2006	18.04	6.65	11.39	3299	1.74	3.89	435.42
2007	15.95	5.43	10.52	2624	1.45	4.58	507.26
2008	11.52	4.18	7.34	2629	1.24	4.99	485.16
2009	13.16	4.90	8.26	2506	1.23	2.13	406.62
2010	13.76	5.24	8.52	2424	1.16	2.49	394.09
2011	14.88	5.88	9.00	2339	1.09	2.89	367.09
2012	15.29	5.93	9.36	1172	1.16	3.09	372.32
2013	15.59	5.69	9.90	974	1.20	3.08	405.63
2014	14.93	4.92	10.01	934	1.29	0.11	350.28
2015	14.60	4.32	9.28	727	1.50	0.05	294.75
2016	12.80	3.89	8.91	440	1.62	0.01	243.10
2017	12.19	4.29	7.90	385	1.54	0.01	247.23
2018	—	—	—	—	—	—	—
2019	—	—	—	—	—	—	—

附表 2　　　　　　　　　历年农村人数、劳动力情况　　　　　　单位：户、人

年份	农村住户数	农村人口数	农村劳动力资源数	农村实有劳动力
1978	81056	361059	—	154617
1979	81832	360382	—	160813
1980	82669	360039	—	166232
1981	84863	361648	—	170063
1982	87497	362575	—	173340
1983	88341	366233	—	175796
1984	89937	366952	—	183663
1985	91662	366299	—	188865
1986	95868	370776	—	193483
1987	97487	374439	—	199809
1988	104248	377962	—	200909
1989	126225	431694	—	203100
1990	128707	435208	—	212500
1991	131070	437515	214700	214700
1992	134747	439828	—	215300
1993	136350	441691	223400	215800
1994	136750	443828	226100	220400
1995	139164	446161	231100	225000
1996	140108	448967	231700	224400
1997	143823	448262	234700	226300
1998	146034	447151	237300	228700
1999	147011	447166	235000	225400
2000	147934	447544	236700	226100
2001	147388	447675	237900	228000
2002	114849	382072	239326	227500
2003	114733	380015	236643	223689
2004	116851	383672	242234	227391
2005	119126	388754	246988	232908
2006	118912	389595	247331	233040

续表

年份	农村住户数	农村人口数	农村劳动力资源数	农村实有劳动力
2007	119581	387758	234927	234927
2008	121020	396207	230460	230460
2009	121327	397704	253797	234740
2010	119893	393043	256300	237691
2011	118488	392675	260532	238396
2012	116818	387528	263753	242257
2013	116276	387551	263632	241230
2014	116231	388641	261185	239905
2015	116365	389408	259844	237116
2016	116989	394910	259189	234459
2017	117761	398777	260795	235547
2018	—	—	—	—
2019	—	—	—	—

注：2008年"农村实有劳动力"改为"农村从业人员"，农村劳动力资源数2002年之前以"万人"为计量单位，本页补"0"处理。

附表3　　　　　　　历年规模以上工业单位数和总产值

年份	企业单位数（个）	亏损企业单位数（个）	工业总产值（万元）
1978	178	—	9012
1979	194	—	11015
1980	208	—	13171
1981	238	—	14981
1982	250	—	16367
1983	236	—	18329
1984	283	—	22532
1985	353	—	30921
1986	370	—	36136
1987	355	—	42371
1988	370	—	67167
1989	369	—	75644
1990	384	—	81953

续表

年份	企业单位数（个）	亏损企业单位数（个）	工业总产值（万元）
1991	390	—	106955
1992	398	—	158732
1993	424	—	271657
1994	417	—	453493
1995	458	—	538243
1996	428	—	747122
1997	394	—	914211
1998	105	25	216098
1999	108	23	252625
2000	126	13	325663
2001	217	5	485806
2002	247	5	542738
2003	282	7	685482
2004	340	4	865616
2005	357	10	1175803
2006	434	8	1490311
2007	448	15	1854342
2008	549	27	2244720
2009	561	25	2599854
2010	588	22	3252454
2011	349	21	3484249
2012	351	11	3778233
2013	368	10	4496013
2014	385	10	4947632
2015	390	12	5163776
2016	395	22	5338050
2017	412	31	5572694
2018	—	—	
2019	—	—	

注：1998 年以前统计口径为乡及乡以上口径；1998 年到 2006 年统计口径为全部国有及规模以上非国有工业企业。2007 年起为规模以上工业企业。2007 年到 2010 年规模以上工业企业标准为年主营业务收入在 500 万元以上的工业企业；2011 年规模以上工业企业标准调整为年主营业务收入在 2000 万元及以上工业企业（附表 4 同）。

附表 4

历年规模以上分行业工业总产值

指标名称＼年份	1998	1999	2000	2001	2002	2003	2004	2005	2006	2007	2008	2009	2010	2011	2012	2013	2014	2015	2016	2017	2018	2019
合计	216098	252625	325663	485806	542738	685482	865616	1175803	1490311	1584342	2224720	2599854	3252454	3484249	3778233	4496013	4947632	5163776	5338050	5572694	—	—
采矿业	7414	8759	9760	4794	10051	11857	11149	18125	18411	21516	24598	28081	38192	6852	8090	7660	9194	8284	4470	6355	—	—
非金属矿采选业	7414	8759	9760	4794	10051	11857	11149	18125	18411	21516	24598	28081	38192	6852	8090	7660	9194	8284	4470	6355	—	—
制造业	20414	212391	243989	342485	374204	507585	698598	923393	1222718	1596110	1986617	2328133	2957401	3207329	3487534	4194373	4638921	4826702	4904657	5102614	—	—
农副食品加工业	17213	24457	44399	20395	5433	14243	19796	18590	12388	16560	18034	19036	23562	31761	40922	71175	67936	70427	75842	92193	—	—
食品制造业	7007	6049	5358	5735	13936	12137	12119	15685	17664	19022	28225	28332	29520	54083	53195	54546	68351	68653	97971	97332	—	—
饮料制造业	19042	26680	14726	15200	14598	18850	21842	25640	25204	30082	34085	46973	49832	50991	51565	48556	51530	63889	63983	65772	—	—
纺织业	40027	35874	32762	44021	26474	35022	32749	32266	31568	66128	74474	75120	67973	59726	81068	129601	153002	136271	149950	56939	—	—
纺织服装、鞋、帽制造业	2728	2100	3554	8023	8934	10331	12987	21616	23710	28259	39341	46654	50874	53511	58161	69730	82026	80278	78157	57308	—	—
皮革、毛皮、羽毛(绒)及其制品业	692	1827	4303	1280	1006	3321	6501	6221	7067	6424	12955	10562	10117	9470	10540	10963	11725	16563	16689	17084	—	—
木材加工及木、竹、藤、棕、草制品业	16828	18580	35876	64173	77271	89225	133236	189166	245727	326797	379571	407831	426592	431325	403891	463760	503748	501728	425093	389723	—	—
家具制造业	5589	7973	12267	32875	54942	96664	144726	264090	409524	555704	675172	714601	997501	1055270	1135918	1394557	1514231	1618120	1832367	2013744	—	—
造纸及纸制品业	11628	10623	11824	12586	20259	27036	29474	28754	33223	34454	53060	74406	95074	80778	94056	108951	121145	139300	131823	149770	—	—
印刷业和记录媒介的复制	255	212	201	—	—	—	—	—	513	2164	11140	1557	2071	6388	6450	5987	5899	5987	14413	5972	—	—
文教体育用品制造业	—	—	—	5657	3582	2690	2521	7934	6965	12602	8030	9804	10295	25211	30238	49304	57220	64811	125112	111291	—	—

续表

年份 指标名称	1998	1999	2000	2001	2002	2003	2004	2005	2006	2007	2008	2009	2010	2011	2012	2013	2014	2015	2016	2017	2018	2019
化学原料及化学制品制造业	4496	6936	5031	7102	6506	8756	9716	16097	19128	23381	31868	49109	67806	80708	91541	334476	240755	291016	275381	390850	—	—
医药制造业	2437	1720	6852	7506	9354	18803	21293	16990	22592	34331	38957	68262	88491	86223	96924	100044	113558	119302	125463	138426	—	—
化学纤维制造业	—	—	—	394	2169	244	2998	13619	10998	12320	13011	75915	114262	259310	288545	151307	188481	162431	173576	131154	—	—
橡胶制品业	—	—	—	807	910	520	—	—	—	—	—	—	—	—	—	—	—	—	—	—	—	—
塑料制品业	600	1080	1861	4117	5986	9956	16237	16322	24286	37487	44928	56270	60839	74271	137829	120220	128752	140081	149353	203329	—	—
非金属矿物制品业	31994	22237	18958	32964	34178	40047	63359	49558	49724	49294	67846	81287	107788	163398	141028	168910	183258	171238	134298	138267	—	—
黑色金属冶炼及压延加工业	1795	2150	2371	—	—	—	1405	14931	21776	15303	13311	14891	25877	72226	77282	85890	96848	114009	105578	27438	—	—
有色金属冶炼及压延加工业	—	—	—	—	—	—	14942	30700	45872	65801	128103	191389	285664	201818	243233	245237	308933	259827	92635	149457	—	—
金属制品业	4576	6605	7456	11164	14395	13767	18028	19678	39259	43133	55253	56737	72129	91273	80519	101402	137302	141261	173402	182751	—	—
通用设备制造业	11800	11485	8154	15871	15514	26605	35151	38846	45389	72744	87860	84022	108916	104945	97278	127878	160126	169933	186428	190097	—	—
专用设备制造业	2861	3218	3740	14365	13240	9016	12432	6983	12802	14965	25627	28007	30769	30445	38545	38150	34400	40823	41310	38775	—	—
交通运输设备制造业	4256	2772	3575	2868	3080	5988	6462	7883	12861	10892	16280	27927	26122	23311	22135	42153	73452	91861	84336	89291	—	—
电气机械及器材制造业	13079	16190	10131	12459	11850	10587	19633	27620	39675	45584	68013	78813	119152	95635	129315	166538	212888	217070	238029	210787	—	—
通信设备、计算机及其他电子设备	—	—	—	518	597	5257	7498	27181	31110	35669	35545	41865	55037	63252	77356	105038	123352	141823	113468	145864	—	—

续表

年份 指标名称	1998	1999	2000	2001	2002	2003	2004	2005	2006	2007	2008	2009	2010	2011	2012	2013	2014	2015	2016	2017	2018	2019
工艺品及其他制造业	3511	3623	9790	22407	30186	46119	53496	27014	31683	37010	37038	38763	31138	—	—	—	—	—	—	—	—	—
电力、燃气及水的生产和供应业	6271	31419	67813	138487	138482	166040	155861	234285	249181	236716	233505	243640	256861	270067	279758	290852	295601	319895	412309	—	—	—
电力、热力的生产和供应业	5900	28448	63942	137955	157829	165280	155088	233201	247819	235251	229940	239515	251899	264285	274651	284253	286719	295221	379529	417479	—	—
燃气生产和供应业	—	2245	3398	—	—	—	—	267	610	487	2550	1756	2024	1339	1274	2325	4960	20636	21352	11523	—	—
水的生产和供应业	371	426	473	532	653	760	773	816	751	978	1015	2369	2938	4443	3833	4274	3922	4038	11428	12295	—	—

附表 5 历年主要工业产品产量

年份	发电量 (亿千瓦时)	饮料酒 (吨)	机制纸 及纸板 (吨)	水泥 (万吨)	罐头 (吨)	化学纤维 (吨)	自来水 (万吨)	精制茶叶 (吨)	耐火材 料制品 (吨)	家具 (万件)
1978	4.88	1073	6810	1.51	—	—	—	—	—	—
1979	5.68	1064	8546	1.98	—	—	—	—	—	—
1980	6.12	1552	11097	2.69	338	—	—	—	—	—
1981	5.72	2013	10920	3.76	—	—	—	—	—	—
1982	5.98	2301	14302	5.77	650	—	—	—	—	—
1983	5.92	2835	18032	7.30	1004	—	—	—	—	—

续表

年份	发电量（亿千瓦时）	饮料酒（吨）	机制纸及纸板（吨）	水泥（万吨）	罐头（吨）	化学纤维（吨）	自来水（万吨）	精制茶叶（吨）	耐火材料制品（吨）	家具（万件）
1984	6.23	3616	26036	9.38	2403	—	—	—	—	—
1985	6.54	4304	30641	11.22	3242	—	—	—	—	—
1986	6.47	5121	27794	16.43	4577	—	—	—	—	—
1987	6.33	6217	28731	26.52	6656	—	—	—	—	—
1988	6.07	7000	24634	27.13	10518	1696	156	1739	—	—
1989	5.95	7422	20502	24.63	10567	2074	174	1683	—	—
1990	6.13	9304	16074	24.94	10484	2088	176	1660	—	—
1991	5.78	11855	20348	30.90	13392	1463	216	2068	—	—
1992	5.61	18156	25948	49.84	19697	1422	255	4441	9100	—
1993	5.34	25441	30138	58.77	22492	1517	270	5311	10400	—
1994	5.19	27769	33559	68.56	16322	2400	354	4734	13300	—
1995	5.49	31096	31237	77.38	19830	4091	464	4233	15500	—
1996	4.64	39810	36612	82.02	19242	3466	531	9480	15500	—
1997	4.64	34832	37797	76.58	21967	2639	1314	9833	25100	—
1997（规上）	3.86	31263	19399	70.80	8930	246	622	5789	8783	22
1998	3.41	26391	17567	41.80	7684	126	453	7967	7334	17
1999	8.60	24441	25006	42.90	6089	6238	436	6734	7950	32
2000	14.43	28568	25844	38.40	5856	6194	473	6839	9829	58

续表

年份	发电量(亿千瓦时)	饮料酒(吨)	机制纸及纸板(吨)	水泥(万吨)	罐头(吨)	化学纤维(吨)	自来水(万吨)	精制茶叶(吨)	耐火材料制品(吨)	家具(万件)
2001	22.41	9128	25816	69.57	7737	8643	520	8477	9976	162
2002	25.83	13955	32903	74.24	6422	7101	680	12522	9117	175
2003	26.66	22422	42284	65.60	10776	11553	817	14852	14592	243
2004	25.07	18463	38739	108.44	5330	7941	858	16462	15529	418
2005	26.42	21692	40965	111.83	3872	10328	915	16991	15368	904
2006	23.75	24472	35713	88.28	2890	9175	1039	14807	17368	1484
2007	19.29	26444	39591	79.37	3140	6257	1087	22401	26763	2068
2008	18.71	31459	43797	77.73	4086	1096	1219	24976	20002	2463
2009	18.45	33595	57950	91.39	6288	36706	1271	31476	19171	2683
2010	17.89	38426	78794	93.14	3874	73642	1498	32544	26549	3377
2011	17.59	40194	71590	91.48	2865	129974	1587	23553	2814	3652
2012	16.70	48241	82511	83.60	5164	173017	1662	21904	2852	3916
2013	16.73	53178	39113	88.13	3974	100842	1683	16917	2925	4149
2014	16.42	54540	45937	90.64	5460	44505	1588	15666	2808	4601
2015	16.70	45648	55813	106.86	6185	71017	1616	14538	2847	4819
2016	31.30	39836	59563	114.23	5838	121461	2942	13465	3069	5539
2017	30.69	30000	81000	119.00	7000	149000	3000	14000	3000	5811
2018	—	—	—	—	—	—	—	—	—	—
2019	—	—	—	—	—	—	—	—	—	—

注：1989年及以前饮料酒产量为黄酒产量，2004年及以后饮料酒计量单位为千升。

附表 6

历年规模以上工业主要财务指标

单位：万元、人

指标名称＼年份	1998	1999	2000	2001	2002	2003	2004	2005	2006	2007	2008	2009	2010	2011	2012	2013	2014	2015	2016	2017	2018	2019
主营业务收入	179019	184886	230175	331421	532617	680821	866644	1142132	1451902	1798921	2173546	2501727	3211319	3329789	3682899	4421436	4832454	5012657	5164023	5343088	–	–
主营业务成本	156080	160307	202005	292224	438781	564581	730946	973383	1259965	1563020	1895468	2172793	2778074	2829757	3092833	3687729	4029245	4153470	4231072	4380298	–	–
主营业务税金及附加	1371	1784	1697	2556	4225	5327	6226	6611	7205	8972	11937	11412	15951	16703	20079	33857	36540	37657	40120	39588	–	–
营业费用	5483	6013	7845	9894	11077	15744	22226	30631	36972	46493	57202	67527	93458	104407	121823	141223	163452	181527	192629	200805	–	–
管理费用	–	–	–	–	19136	18437	27369	39287	48696	61271	76071	88651	116928	128631	154990	188192	217395	241066	275604	298265	–	–
财务费用	–	–	–	–	33920	27700	24434	24738	23040	33264	41572	41727	51844	69620	83137	96014	83231	65472	48572	74409	–	–
利润总额	884	3233	5219	10613	30256	44284	54893	69371	78944	90461	101117	126615	173429	203753	228819	281873	312167	355954	409815	384946	–	–
利税总额	9698	13866	15819	37576	64563	86640	106122	130601	150405	173988	199208	224348	317574	342597	415574	501766	556218	607801	649891	678468	–	–
资产总计	223460	622786	741548	786627	771401	825877	870839	955780	1092859	1363461	1623516	1963955	2516244	2875631	3002467	3332794	3602640	3818426	4071838	4546972	–	–
本年折旧	4026	7645	10368	33125	37927	41314	50937	52088	54413	58654	65560	73909	92739	90898	97264	107880	109471	127176	122703	128780	–	–
负债合计	128761	500323	635154	600186	599720	584767	590556	639371	693524	872466	998805	1202056	1602105	1839225	1876426	2076609	2177575	2231832	2275914	2388608	–	–
应交增值税	7444	8849	8902	24427	30082	37228	45002	54619	64255	74555	85276	84322	128194	122141	166676	184985	206775	214065	199517	253934	–	–
全部职工平均人数	18918	17563	17534	21505	20754	25551	30628	30628	62902	48422	52286	54890	64893	56903	58680	60716	63301	64794	66216	7116	–	–

注：2011年开始"营业费用"改为"销售费用"；"全部职工平均人数"2009年改为"全部从业人员年平均人数"，"全部从业人员年平均人数"2014年改为"平均用工人数"。

附表7　　　　　　　　　　　　历年用电情况　　　　　　　　单位：万千瓦时

年份	全社会用电量	工业用电	城乡居民用电
1978	4599	3249	—
1979	5272	3624	—
1980	6785	4755	—
1981	7213	4706	—
1982	7952	5174	—
1983	9234	5931	—
1984	10588	6657	—
1985	11384	6218	—
1986	12969	9741	997
1987	15945	12443	1537
1988	18003	14107	1807
1989	17482	13482	1965
1990	17574	13086	2193
1991	19410	14754	2363
1992	22878	17562	2757
1993	24889	18733	3147
1994	28034	21139	3514
1995	30036	22887	3864
1996	31307	23523	4270
1997	30767	22126	4520
1998	27278	18221	5095
1999	28442	19272	5269
2000	30636	19523	6173
2001	34971	22985	6807
2002	40599	25319	8254
2003	51765	33129	9004
2004	62210	44878	8789
2005	67068	46037	11108
2006	76554	52042	13619

续表

年份	全社会用电量	工业用电	城乡居民用电
2007	89908	61316	15836
2008	101488	68853	18412
2009	98135	82179	20727
2010	141481	97945	23920
2011	165994	117166	26552
2012	184067	128075	32135
2013	202224	138247	36458
2014	202276	137627	34228
2015	218773	144116	37238
2016	247702	156796	45861
2017	292198	190443	49277
2018	—	—	—
2019	—	—	—

附表 8　　　　　　　　　　**历年全社会固定资产投资情况**　　　　　　　单位：万元

年份	固定资产投资	工业投资	房地产投资
1978	1142	—	—
1979	679	—	—
1980	1043	—	—
1981	827	—	—
1982	716	—	—
1983	2598	—	—
1984	4847	—	—
1985	8155	—	—
1986	11344	—	—
1987	11580	—	—
1988	13997	—	—
1989	13553	—	—
1990	11275	—	286

续表

年份	固定资产投资	工业投资	房地产投资
1991	14251	—	382
1992	31036	—	686
1993	45499	—	1275
1994	84208	—	2870
1995	102771	—	3806
1996	171942	—	3575
1997	249360	—	4867
1998	277137	—	5300
1999	137688	—	3990
2000	135573	—	9760
2001	182697	—	20262
2002	228835	109353	58069
2003	279187	170625	66964
2004	338395	220207	77233
2005	368153	254000	91103
2006	391997	292161	92791
2007	448874	273592	97609
2008	572901	400367	116229
2009	692488	456733	102683
2010	826541	541135	143436
2011	918140	567007	231135
2012	1108268	708263	208515
2013	1235771	744807	317251
2014	1452646	801937	320329
2015	1643186	864712	281906
2016	1707653	853201	292836
2017	2027783	939629	343323
2018	—	—	—
2019	—	—	—

附表 9　　　　　　　　　　　历年财政收入支出情况

年份	财政总收入 （万元）	地方财政收入 （万元）	财政总支出 （万元）	人均财政总收入（元）
1978	1728	—	972	44
1979	1872	—	913	47
1980	1894	—	947	48
1981	1983	—	883	50
1982	2614	—	974	65
1983	2739	—	1277	67
1984	2621	—	1769	64
1985	3457	—	1978	84
1986	3993	—	2453	96
1987	4474	—	2554	106
1988	4862	—	3270	114
1989	5303	—	3467	123
1990	4874	—	3889	112
1991	5206	—	3846	119
1992	5701	—	4306	130
1993	7996	—	6605	181
1994	8800	4180	7887	199
1995	9974	4580	9314	224
1996	11341	5034	10664	253
1997	12485	5258	11512	278
1998	14586	6564	12938	326
1999	17214	7773	15697	385
2000	25032	11558	19117	560
2001	36833	19822	29804	823
2002	52482	24368	41076	1170
2003	70088	33921	48977	1564
2004	52016	35314	59246	1162
2005	78057	45730	69120	1733
2006	87805	49188	76448	1932

续表

年份	财政总收入（万元）	地方财政收入（万元）	财政总支出（万元）	人均财政总收入（元）
2007	111086	62358	88802	2443
2008	147306	82750	124119	3246
2009	183075	105432	172490	4013
2010	235128	139268	219315	5141
2011	291066	166628	252632	6346
2012	363006	210821	292238	7899
2013	423888	247043	332470	9202
2014	500518	294846	407772	10814
2015	556855	329601	476610	12002
2016	603302	358511	571939	12971
2017	672790	395208	620038	14396
2018	—	—	—	—
2019	—	—	—	—

注：2004年财政总收入的口径有所调整，2004年开始财政总收入均按新口径计算。

附表10　　　　　历年金融业主要指标　　　　单位：万元

年份	金融机构本外币存款余额	人民币	金融机构本外币贷款余额	人民币	城乡居民本外币储蓄余额	人民币
1978	—	3244	—	2942	—	489
1979	—	5295	—	3465	—	800
1980	—	7493	—	4603	—	1214
1981	—	7985	—	5233	—	1603
1982	—	10081	—	6113	—	2209
1983	—	11728	—	7405	—	3192
1984	—	13373	—	11840	—	4290
1985	—	16343	—	15148	—	6318
1986	—	21169	—	19275	—	8851
1987	—	23917	—	22781	—	11361
1988	—	28042	—	27182	—	13305
1989	—	30817	—	32281	—	17242

续表

年份	金融机构本外币存款余额	人民币	金融机构本外币贷款余额	人民币	城乡居民本外币储蓄余额	人民币
1990	25402	40511	28636	39326	—	22682
1991	31426	50591	34445	48215	—	28263
1992	39711	66728	44193	64403	—	36652
1993	46432	79121	50578	76295	—	46860
1994	54891	96279	58778	90958	—	64994
1995	75921	126486	68790	106980	—	87781
1996	100157	160119	78615	122351	—	113549
1997	122184	191822	99136	149130	—	134180
1998	148003	229409	113977	174172	—	160142
1999	257604	257604	189288	189288	171621	171621
2000	289591	289591	189158	189158	183901	183901
2001	315714	315714	208862	208862	210275	170275
2002	398284	398284	268197	268197	255739	255739
2003	488794	488794	383782	283782	293403	293403
2004	512183	512183	411145	411145	323966	323966
2005	575943	575943	469620	469620	362977	362977
2006	669319	669319	544362	544362	414582	414582
2007	771473	771473	696049	696049	460334	460334
2008	1051645	1051645	868379	868379	612401	612401
2009	1535552	1535552	1450422	1450422	809051	809051
2010	1972224	1972224	1950214	1950214	968739	968739
2011	2427380	2427380	2488792	2488792	1219401	1217211
2012	2715994	2715994	2999749	2999749	1438196	1438196
2013	3195143	3141021	3511744	3484858	1669614	1667100
2014	3447377	3390302	3864914	3838243	1809509	1806798
2015	3914221	3837013	4081513	4050427	2025679	2020272
2016	4802324	4666122	4301733	4298160	2382015	2372736
2017	5357545	5191230	4999758	4988442	2646609	2639497
2018	—	—	—	—	—	—
2019	—	—	—	—	—	—

附表 11 历年社会消费品零售总额

年份	社会消费品零售总额（万元）	比上年增长（%）
1978	4895	10.4
1979	6367	30.1
1980	7357	15.5
1981	8511	15.7
1982	9088	6.8
1983	10262	12.9
1984	12259	19.5
1985	16431	34.0
1986	18723	13.9
1987	21154	13.0
1988	26430	24.9
1989	29254	10.7
1990	30403	3.9
1991	33934	11.6
1992	41359	21.9
1993	53879	30.3
1994	78636	45.9
1995	104233	32.6
1996	131698	29.9
1997	151452	15.0
1998	172197	13.7
1999	190364	10.6
2000	210231	10.4
2001	232403	10.6
2002	256844	10.5
2003	255621	10.6
2004	284995	11.5
2005	323315	13.4
2006	370054	14.5

续表

年份	社会消费品零售总额（万元）	比上年增长（％）
2007	432053	16.8
2008	519239	20.2
2009	595154	14.6
2010	702505	18.0
2011	821741	17.0
2012	947531	15.3
2013	1014553	14.0
2014	1125903	11.0
2015	1266792	12.5
2016	1411068	12.3
2017	1566341	11.0
2018	—	—
2019	—	—

附表 12　　　　　　　　　**历年社会消费品零售总额分类情况**　　　　单位：万元

年份	社会消费品零售总额	城镇零售额	乡村零售额	批发和零售业	住宿和餐饮业
1992	41359	14936	26523	28462	—
1993	53879	19388	34491	35522	—
1994	78636	28715	49921	50252	—
1995	104233	48097	56137	59593	—
1996	131698	61248	70450	65859	—
1997	151452	66768	84684	79273	—
1998	172197	68523	103674	87831	—
1999	190364	72659	117705	97061	—
2000	210231	79342	130889	111272	—
2001	232403	87555	144848	125355	—
2002	256844	87011	144149	207346	—
2003	255621	96332	159289	229208	25825

续表

年份	社会消费品 零售总额	城镇零售额	乡村零售额	批发和零售业	住宿和餐饮业
2004	284995	108049	176946	255117	28945
2005	323315	123602	198733	288150	33241
2006	370054	142288	225527	327613	39022
2007	432053	166917	261220	379778	46904
2008	519239	198314	315021	455093	56519
2009	595154	229894	365260	529036	64232
2010	702505	385891	316614	626991	75514
2011	821741	451388	370352	729389	92351
2012	947531	520235	427296	838959	108572
2013	1014553	517284	497269	898677	115876
2014	1125903	574057	551846	1005489	120414
2015	1266792	645891	620901	1141520	125272
2016	1411068	719452	691616	1275338	135730
2017	1566341	798621	767720	1414456	151885
2018	—	—	—	—	—
2019	—	—	—	—	—

注：2010年起“县、县以下”统计分组改为“城镇、乡村”。

附表13　　　　　　　历年对外经济主要指标

年份	进出口总额（万美元、万元）		合同外资（万美元）	
		出口额		实到外资
1994	—	1759	243	345
1995	—	2372	192	235
1996	—	2600	103	401
1997	—	3159	154	167
1998	—	3010	1319	100
1999	—	2889	729	131
2000	—	4356	1011	502
2001	5916	5509	13165	5246

续表

年份	进出口总额（万美元、万元）		合同外资（万美元）	
		出口额		实到外资
2002	5892	7778	21122	6030
2003	13360	12333	26065	9108
2004	23191	22055	27058	9405
2005	38653	37459	28008	5580
2006	57713	55470	25462	6012
2007	91971	86430	25707	10302
2008	117887	112218	25351	10215
2009	114787	111409	25514	11201
2010	162687	159263	25053	11003
2011	193788	183947	25060	10053
2012	212966	201315	23031	13605
2013	223784	220336	22426	15934
2014	252826	247042	24704	14244
2015	260461	257316	27352	15071
2016	1874397	1836852	32392	18227
2017	2221382	2158728	50326	17093
2018	—	—	—	—
2019	—	—	—	—

注：2016 年开始进出口数以人民币为计量单位，"万美元"改为"美元"

附表 14　　　　　　　　　**历年旅游业主要指标**

年份	国内外旅游人数（万人次）	旅游总收入（万元）	门票收入（万元）
1998	41	6155	—
1999	76	11690	—
2000	102	19980	600
2001	143	30743	980
2002	201	49130	1660
2003	202	54412	1749

续表

年份	国内外旅游人数（万人次）	旅游总收入（万元）	门票收入（万元）
2004	261	75018	2608
2005	312	95100	3503
2006	363	123905	4665
2007	450	166500	6392
2008	501	190700	7160
2009	544	220355	8487
2010	648	351774	10015
2011	774	512532	13916
2012	876	681108	15998
2013	1044	1023064	18583
2014	1205	1275302	21559
2015	1495	1756417	37110
2016	1929	2331562	46805
2017	2238	2826915	56241
2018	—	—	—
2019	—	—	—

附表 15　　　　　　　　　**历年农村居民人均收入和住房面积**

年份	人均收入		人均年末住房建筑面积（平方米）
	绝对值（元）	比上年增长（%）	
1978	184	—	—
1979	336	82.6	—
1980	342	1.8	—
1981	323	-5.6	—
1982	376	16.4	—
1983	391	4	—
1984	535	36.8	—
1985	597	11.6	22.7
1986	580	-2.8	24.6

续表

年份	人均收入		人均年末住房建筑面积（平方米）
	绝对值（元）	比上年增长（%）	
1987	781	34.7	25.5
1988	866	10.9	33.9
1989	963	11.2	36.6
1990	984	2.2	40.1
1991	1007	2.3	40.1
1992	1061	5.4	35.9
1993	1443	36	30.3
1994	2005	38.9	33.2
1995	2739	36.6	33.8
1996	3212	17.3	35.4
1997	3501	9	35.8
1998	3666	4.7	36.3
1999	3756	2.5	36.8
2000	4097	9.1	46.1
2001	4556	11.2	45.5
2002	4930	8.2	49.8
2003	5402	9.6	46
2004	6161	14.1	46.6
2005	7034	14.2	53
2006	8031	14.2	53
2007	9196	14.5	59
2008	10343	12.5	64
2009	11326	9.5	62
2010	12840	13.4	63
2011	14152	10.2	65
2012	15836	11.9	65
2013	17617	11.2	62
2014	19502	10.7	62
2015	21296	9.2	60

续表

年份	人均收入		人均年末住房建筑面积（平方米）
	绝对值（元）	比上年增长（%）	
2016	23042	8.2	62
2017	27904	9.5	66.5
2018	—	—	—
2019	—	—	—

注：2014年开始农村居民纯收入调整为农村常住居民人均可支配收入。

附表 16　　　　　　　　　**历年城镇居民人均收入和住房面积**

年份	人均可支配收入		人均年末住房建筑面积（平方米）
	绝对值（元）	比上年增长（%）	
1985	813	25.9	12.2
1986	1028	8.7	14.8
1987	1118	41	14.8
1988	1576	10.9	12.2
1989	1748	6.1	13.3
1990	1855	7.1	13.7
1991	1986	27.5	15.8
1992	2532	38.7	16.1
1993	3511	41.3	17.2
1994	4962	16.4	15.6
1995	5778	13.9	15.9
1996	6583	13.1	17.3
1997	7445	-0.2	18.1
1998	7430	1.3	19.3
1999	7528	9.7	19.3
2000	8259	15.4	22.3
2001	9529	9.8	23.2
2002	10462	9.3	29.8
2003	11430	12.9	32.9

续表

年份	人均可支配收入		人均年末住房建筑面积（平方米）
	绝对值（元）	比上年增长（%）	
2004	12910	13.8	33.4
2005	14688	11.9	38
2006	16443	12.8	38
2007	18548	10.1	38
2008	20426	10.1	41
2009	22484	12.1	42
2010	25205	13.8	42
2011	28679	11.9	42.7
2012	32211	12.3	42.9
2013	35286	9.5	43.1
2014	37963	8.8	46.6
2015	41132	8.3	48
2016	44358	7.8	48.5
2017	48237	8.7	48.5
2018	—	—	—
2019	—	—	—

附表 17　　　　　　　　历年农村居民人均消费支出

年份	生活消费支出	食品	衣着	居住	生活用品及服务	医疗保健	交通和通讯	文教娱乐用品及服务	其他商品和服务
1985	479	279	40	52	71	—	—	—	—
1986	510	315	46	45	61	—	—	—	—
1987	682	393	43	124	74	—	—	—	—
1988	736	442	50	113	60	—	—	—	—
1989	831	478	50	164	60	—	—	—	—
1990	870	554	47	113	54	—	—	—	—
1991	811	477	55	118	52	—	—	—	—
1992	1377	584	82	78	76	—	—	—	—

续表

年份	生活消费支出	食品	衣着	居住	生活用品及服务	医疗保健	交通和通讯	文教娱乐用品及服务	其他商品和服务
1993	1331	730	116	146	152	—	—	—	—
1994	1828	993	149	175	243	—	—	—	—
1995	2455	1310	169	328	262	—	—	—	—
1996	2647	1402	199	400	278	—	—	—	—
1997	2736	1432	209	419	281	—	—	—	—
1998	2859	1457	197	523	271	—	—	—	—
1999	2595	1485	129	146	167	136	118	339	75
2000	2840	1344	164	165	184	141	265	482	95
2001	3076	1473	197	181	169	204	261	517	74
2002	4109	1773	250	511	261	287	492	457	79
2003	4992	2058	331	548	321	239	697	735	63
2004	5129	2054	378	612	356	186	693	782	68
2005	5575	2216	398	655	357	344	732	784	89
2006	5749	2271	454	520	333	410	771	833	157
2007	6836	2776	515	632	452	433	1082	862	84
2008	7792	3130	552	1117	419	516	1033	923	102
2009	8580	3317	600	1390	463	583	977	1115	135
2010	9506	3689	650	1658	583	470	1141	1146	169
2011	9127	3196	678	1708	536	797	1388	727	97
2012	10394	3522	777	1921	676	921	1580	842	153
2013	13670	3541	904	2338	728	2500	1473	650	1536
2014	15064	4200	1165	3042	1001	775	3142	1407	226
2015	16420	4951	1243	2893	1059	985	3269	1759	261
2016	17783	5501	1311	3055	1093	1052	3546	1949	296
2017	18814	5751	1377	3247	1201	1105	3656	2110	366
2018	—	—	—	—	—	—	—	—	—
2019	—	—	—	—	—	—	—	—	—

注：2014年住户调查口径有所调整。

附表 18　　　　　　　历年城镇居民人均消费支出

年份	生活消费支出	食品	衣着	居住	生活用品及服务	医疗保健	交通和通讯	文教娱乐用品及服务	其他商品和服务
1979	—	—	—	—	—	—	—	—	—
1980	—	—	—	—	—	—	—	—	—
1981	—	—	—	—	—	—	—	—	—
1982	—	—	—	—	—	—	—	—	—
1983	—	—	—	—	—	—	—	—	—
1984	—	—	—	—	—	—	—	—	—
1985	702	368	110	—	78	10	—	43	74
1986	994	452	117	97	94	13	12	81	74
1987	1004	526	139	75	92	21	13	62	68
1988	1444	669	200	40	259	26	13	169	68
1989	1695	779	186	159	282	30	15	157	87
1990	1434	821	215	45	130	28	20	86	89
1991	1766	883	257	99	158	55	29	159	127
1992	1936	944	325	141	166	81	37	127	115
1993	2841	1321	470	204	226	128	76	236	179
1994	3907	1855	558	246	362	119	254	330	184
1995	4878	2274	575	581	459	171	266	317	236
1996	5435	2531	663	536	632	187	195	481	211
1997	5456	2468	778	491	280	267	361	532	279
1998	5198	2365	634	528	267	289	330	602	183
1999	5209	2249	539	418	318	334	387	722	242
2000	5641	2483	527	425	473	382	382	652	318
2001	6587	2485	660	604	453	534	551	937	363
2002	7574	2754	788	737	437	658	789	1082	326
2003	8122	2927	845	633	554	667	768	1431	297
2004	9958	3226	951	809	505	647	2068	1459	296
2005	10430	3465	1422	947	701	777	1304	1457	356
2006	11178	3480	1418	956	448	931	1968	1462	515

续表

年份	生活消费支出	食品	衣着	居住	生活用品及服务	医疗保健	交通和通讯	文教娱乐用品及服务	其他商品和服务
2007	11968	4057	1588	997	6168	834	1718	1787	370
2008	13242	4734	1626	983	763	1272	1801	1576	487
2009	14557	4787	1896	1215	946	1321	1842	1992	557
2010	16585	5304	2221	1029	1144	1483	2496	2231	677
2011	18774	6575	2573	1244	1416	992	2922	2437	616
2012	20803	6904	2570	1819	1406	1566	3329	2448	760
2013	24453	7052	1566	6211	1183	3174	2221	2480	566
2014	26532	7920	1852	6559	1405	4654	2284	1260	598
2014	26532	7920	1852	6559	1405	1260	4654	2284	598
2015	28681	8702	1967	6756	1485	758	5631	2681	701
2016	29986	9128	2034	6844	1553	830	5899	2938	759
2017	31485	9535	2169	7237	1619	903	6051	3172	799
2018	—	—	—	—	—	—	—	—	—
2019	—	—	—	—	—	—	—	—	—

注：2014年住户调查口径有所调整。

后　记

　　2005 年，时任浙江省委书记习近平同志在湖州安吉余村考察调研时，首次提出了"绿水青山就是金山银山"理念。2015 年和 2016 年，习总书记又先后叮嘱湖州要"照着'绿水青山就是金山银山'这条路走下去""一定要把南太湖建设好"。2020 年 3 月，习近平总书记再次到安吉余村考察时强调，绿色发展的路子是正确的，路子选对了就要坚持走下去。15 年来，安吉历届县委、县政府牢记嘱托，不忘初心，坚定不移地践行"绿水青山就是金山银山"理念，始终坚持生态立县、绿色发展战略，走出了一条生态美、产业兴、百姓富的绿色发展之路。15 年来，安吉从一个名不见经传的山区县跃升为全国首个生态县，中国美丽乡村发源地、联合国人居奖唯一获得县，并且从一个省级贫困县跻身全国百强县，在此基础上，正在向建设中国最美县域的愿景目标砥砺奋进。本书正是对安吉县践行"绿水青山就是金山银山"理念 15 周年发展历程和成效及其基本经验的总结。

　　本书是湖州师范学院"两山"理念研究院承担的浙江省高校人文社科攻关计划项目"生态治理与'绿水青山就是金山银山'转化机制研究"的阶段性研究成果。本书围绕安吉县美丽乡村建设、工业绿色发展、生态治理、改革创新、乡村治理等，介绍了安吉县践行"绿水青山就是金山银山"理念 15 周年来的发展历程与成效，基本经验、面临问题以及未来的发展对策。本书的出版会对全国其他地区的绿色发展起到一定的借鉴作用。

本书是在课题组成员实地调研并完成对调研资料和其他相关资料进行分析、加工、整理的基础上，讨论确定写作提纲，然后分工执笔完成的。各章节撰写分工如下：第一章，蔡颖萍；第二章，侯子峰、张童童；第三章，马小龙、肖汉杰、朱强、蔡颖萍；第四章，肖方仁；第五章，尹怀斌、范少罡；第六章，王锋、张金庆；附录部分，朱强、沈琪霞、周颖、何凝。课题组组长金佩华、黄祖辉、王景新负责拟定写作提纲、全书通稿和编写过程中的组织工作。

在课题的调研和本书的写作、修改过程中，得到了安吉县委宣传部、安吉县委政研室、安吉县委党校、安吉县发改局、安吉县经信局、安吉县农业农村局、安吉县生态环境局以及安吉县统计局等相关部门的大力支持，也得到了课题组成员所在单位——湖州师范学院领导和同事们的支持和帮助。在入村入户调研中，课题组还得到了安吉县山川乡、溪龙乡、天子湖镇、孝丰镇、天荒坪镇、鄣吴镇、报福镇、孝源街道、递铺街道、昌硕街道、开发区、灵峰度假区以及相关企业领导的配合和支持。本书写作过程中参考和借鉴了许多国内外相关的研究资料，引用了一些专家学者的观点和看法，谨此一并表示衷心的感谢！

由于我们的研究能力和水平所限，加之安吉县践行"绿水青山就是金山银山"理念15周年的时间跨度较长、涉及层面较广，我们的研究范围还不够全面深入，书中许多观点的阐述是带有探索性的，疏漏和不当之处在所难免，恳请同行专家和广大读者批评指正。

编　者

2021 年 6 月